考虑土-结构相互作用效应的
消能减震结构抗震性能

杨金平　著

U0299663

中国建筑工业出版社

图书在版编目（CIP）数据

考虑土-结构相互作用效应的消能减震结构抗震性能 /
杨金平著. -- 北京：中国建筑工业出版社，2025.2.
ISBN 978-7-112-30957-3

Ⅰ. TU36

中国国家版本馆 CIP 数据核字第 20252PG248 号

本书完成了 1∶6 缩尺比例的刚性地基上 12 层框架结构、设置黏滞阻尼器的框架结构、设置金属阻尼器的框架结构以及考虑土-结构相互作用的对应的框架结构振动台模型试验。从试验现象、模型的动力特性、加速度、结构的楼层位移、层间位移角、层间剪力、土体中桩身应变和桩土接触压力等方面对试验结果进行分析，对规律性结果进行归纳；探讨了 SSI 效应对消能减震器的影响规律。

建立考虑 SSI 效应的消能减震结构振动台试验的数值分析模型，研究设置阻尼器体系相互作用的机理及效应。最后提出了一种改进的简化方法用以计算结构-地基相互作用体系动力特性参数，并进行了考虑 SSI 效应的黏滞阻尼器设计。

责任编辑：王华月
责任校对：张惠雯

考虑土-结构相互作用效应的消能减震结构抗震性能
杨金平　著

*

中国建筑工业出版社出版、发行（北京海淀三里河路 9 号）

各地新华书店、建筑书店经销

北京红光制版公司制版

建工社（河北）印刷有限公司印刷

*

开本：787 毫米×1092 毫米　1/16　印张：9¾　字数：212 千字
2025 年 2 月第一版　2025 年 2 月第一次印刷
定价：**58.00** 元
ISBN 978-7-112-30957-3
（44433）

前　　言

近年来，消能减震技术发展迅速，在工程结构中得到了广泛的应用。现阶段的消能减震结构设计依托于结构的动力特性，土-结构相互作用（简称SSI）对上部结构的动力特性会产生影响，对于软土地区尤为明显。然而，现有的抗震设计理论大多采用刚性地基假定，未考虑地基土体对上部结构的影响，这将给消能减震设计引入一定的误差，从而影响消能减震装置的效果，甚至影响结构设计的安全性、可靠性。因此，研究土-结构相互作用对消能减震结构的影响十分必要。黏滞阻尼器是一种速度相关型的消能减震装置，在较大的频率范围内都呈现比较稳定的阻尼特性；软钢阻尼器是一种位移相关型的消能减震装置，因其稳定的滞回特性、良好的低周疲劳特性、不受环境温度影响等优点得到了广泛的应用。本书以软土地基上带黏滞阻尼器和软钢阻尼器的高层框架结构为研究对象，采用模拟地震振动台试验和计算模拟分析，研究了土-结构相互作用消能减震结构的影响，主要内容如下：

（1）设计实施了大比例的考虑土-结构动力相互作用效应的带黏滞阻尼器和软钢阻尼器结构的模型振动台试验。试验采用黄砂木屑混合物作为模型地基土；设计制作了大尺寸的层状剪切盒土箱，可以有效地缓解"模型箱效应"，更好地模拟土体边界条件。以相似比1：6的带3×3桩基的12层钢筋混凝土框架结构为模型结构，完成了6个模型的振动台试验：刚性地基上的框架结构、设置黏滞阻尼器结构和设置软钢阻尼器结构，以及SSI体系的框架结构、设置黏滞阻尼器结构和软钢阻尼器结构的振动台试验。

（2）根据试验数据，分析总结了土-结构相互作用对消能减震结构的影响规律。从试验现象、模型的动力特性、加速度、桩身应变、桩土接触压力、楼层的加速度、楼层位移、层间位移角、层间剪力、阻尼器出力、阻尼器滞回性能等方面进行了分析，对规律性结果进行了归纳。

（3）根据试验数据，对振动台模型试验结果进行了全面分析，进行了考虑SSI效应的三个结构响应对比；刚性地基上的三个结构响应的对比；以及刚性地基上的三个框架结构和与之对应的考虑SSI效应的三个框架结构的试验结果对比，进一步梳理了软土地基上结构-地基动力相互作用对黏滞阻尼器和金属阻尼器性能的影响。

（4）采用通用有限元程序ANSYS，针对振动台试验模型进行了三维有限元计算分析，对数值模型中网格划分、剪切盒的模拟、土体材料非线性模拟和土体与结构接触界面上的状态非线性模拟、非线性黏滞阻尼器的模拟以及软钢阻尼器的模拟等问题进行了讨论，并将计算结果与试验结果进行了对照研究，以此来揭示设置消能减震装置的高层结构-桩-土动力相互作用时结构地震响应的有关规律。从加速度、桩身应变、桩土接触压力、楼层的加速度峰值、楼层位移峰值、楼层剪力等方面进行了分析。

（5）提出了一种改进的简化方法用以计算结构-地基相互作用体系动力特性参数，并用振动台模型试验的数据资料进行计算分析。在此基础上进行了考虑 SSI 效应的黏滞阻尼器设计，并通过工程模型进行了时程分析。从楼层加速度、层间位移角和层间剪力方面对考虑 SSI 体系的阻尼器设计进行了验证。

目　　录

第1章 绪 论

　　地震作为自然灾害之一，严重影响着人类的生命与财产安全。结构的减震、抗震和可恢复性成为国内外广泛关注的课题。一些比较传统的做法，例如增加结构构件的大小、提高材料的强度，都是通过增强结构自身的性能来达到减轻地震灾害的目的。地震作用是随机的过程，具有一定的大小和方向，而这些传统的抗震结构达不到自适应、可调节的功能，所以在地震动作用下结构的安全性得不到有效的保障。随着楼层的增高，结构的复杂化，提高结构性能就要付出更大的经济代价。而且，此类结构在遭遇大震后，即使未倒塌，也无法继续使用，拆除重建又会在经济上造成极大的损失。鉴于此，近几十年来，世界各国的学者与工程师们不断致力于结构地震响应控制技术的研究。由此发展出的多种结构控制技术在工程实践中得以应用，并取得了良好的效果。结构振动控制技术是指通过在建筑上安装机械、液压、电、磁等被动消能器和被动吸能器、半主动/智能控制系统、主动控制系统，消耗、吸收、转移结构的振动能量，减小结构的振动，提高结构的抗震性能和抗风性能的一种非传统技术。其中，被动消能技术由于其技术较为成熟、安全可靠、易于实现而得到较为广泛的应用。

　　在现有的抗震设计中，一般假定为刚性地基，而忽略了土-结构相互作用（简称"SSI"）的影响。而在设计消能减震的结构时，也是如此。这对位于较硬土层上的质量和几何尺寸较小的结构，忽略 SSI 效应是可以接受的，但是对于位于一般土层甚至软弱土层中的建筑物，这样的做法将造成较大的出入。因为考虑 SSI 效应与刚性地基假定存在以下方面的不同：首先，从基岩处传递到结构基础处的地震动与自由场是不同的。其次，SSI 体系中结构的动力特性参数，例如振动频率和模态与刚性地基上的结构不同，这是因为考虑 SSI 效应后，结构的变形不仅有其自身的弹塑性位移，还有基础处平动和摆动引起的位移，而这对于高层建筑而言是不能被忽略的。第三，SSI 体系中地基是无限的，由于结构的一部分能量以辐射波的方式传递，而在这里形成辐射阻尼，因为地基介质本身具有一定的材料阻尼而使得另一部分振动能量耗散出去。由试验与理论结果发现，SSI 体系中上部结构在地震动的作用下其响应与刚性地基下的结构不同，而这种差异在特软土地区中更为明显。这是因为 SSI 体系结构的动力特性与刚性地基下的结构不同。因而，忽略土-结构相互作用的影响势必会给被动消能设计引入一定的误差，会影响被动消能装置的效果，甚至影响结构设计的安全性、可靠性。

　　随着复杂高层的不断出现，新的理论课题在高层建筑的设计与计算分析中应运而生，而对于位于软弱土层中的高层建筑，更有许多复杂的理论和实践问题。尤其是在软土地基高层建筑结构消能减震研究中，考虑下部土体，探讨消能减震结构在地震过程中地基、基础和上部结构的动力响应以及减震的效果，并以此为基础发展行之有效的抗震设计与数值模拟方法，更深层次地研究 SSI 效应对结构消能减震的影响，对于完善和发展结构控制理论以及指导工程实践具有重要的理论和现实意义。

第 2 章　考虑 SSI 效应的消能减震结构振动台模型试验设计与实现

2.1　试验内容

以 12 层框架结构作为上部结构模型进行土-结构相互作用效应的消能减震结构振动台试验，其目标是了解带消能减震器的减震结构、桩基、土体的地震响应特性及规律，而且通过得到的试验数据来检验现存的相关理论与结论，也为新的理论计算模型和相关的分析方法提供更多的依据。

总计进行了 4 次共 6 个试验，试验内容见表 2-1。其中，直接固定在振动台台面上以模拟刚性地基上部 12 层框架结构（RS）和刚性地基上部 12 层带黏滞阻尼器的框架结构（RV）以及刚性地基上部 12 层带金属阻尼器的框架结构（RM）同时进行。

试验内容

表 2-1

序号	试验编号	模型比	试验内容	工况数
1	PS	1/6	层状剪切土箱、上部 12 层框架结构、2.8m 土层、桩长 2m	19
2	PV	1/6	层状剪切土箱、上部 12 层带黏滞阻尼器的框架结构、2.8m 土层、桩长 2m	25
3	PM	1/6	层状剪切土箱、上部 12 层带金属阻尼器的框架结构、2.8m 土层、桩长 2m	25
4	RS	1/6	刚性地基、上部 12 层框架结构	25
5	RV	1/6	刚性地基、上部 12 层带黏滞阻尼器的框架结构	25
6	RM	1/6	刚性地基、上部 12 层带金属阻尼器的框架结构	25

注：1. R 表示刚性地基；
　　2. P 表示桩基；
　　3. S 表示 12 层框架结构；
　　4. V 表示 12 层带黏滞阻尼器的框架结构；
　　5. M 表示 12 层带金属阻尼器的框架结构。

2.2　试验装置

2.2.1　地震模拟振动台

在嘉定校区的多功能振动台实验室中，配备了多点振动实验系统，该系统由四个振动台组成，可以单独使用，也可以通过实验室中的 70m 的地沟内移动合成大型线状振动台组来使用。这样满足了大型振动台试验的要求，可以很好地模拟大型振动台试验。本次消能减震试验采用一个主台面 6m×4m。

2.2.2 土体边界模拟和试验容器的设计与制作

在进行考虑 SSI 效应的消能减震结构振动台试验时，所用的容器采用层状剪切变形土箱，与刚性容器不同的是该剪切装置的各层框架之间由于有滚珠可以自由地产生水平变形，使得土的剪切变形约束小，减少了边界对波的反射。

剪切盒内边缘尺寸为 4500mm×3500mm×3000mm（$L×B×H$），由 26 个高度为 100mm 的矩形框架堆叠而成；各层框架采用截面为 100mm×100mm×4mm 的矩形钢管焊接而成。在剪切盒的变形中仅仅考虑纵向的剪切变形，所以为了制约其垂直方向的变形和平面扭转变形，在与振动方向垂直的侧面各贴一块厚 5mm 的钢板，钢板与框架之间采用螺栓连接；框架层间间隙为 15mm，除底层框架外在框架长边的间隙内设置 200mm×100mm×10mm 的矩形开槽垫板，槽内放置直径为 10mm 的球形滚轴，形成可以自由滑动的支承点，以使土体能在长边方向自由剪切变形。剪切盒的正立面、侧立面、平面图、层间垫板俯视图与侧视图分别如图 2-1 所示。对设计的层状剪

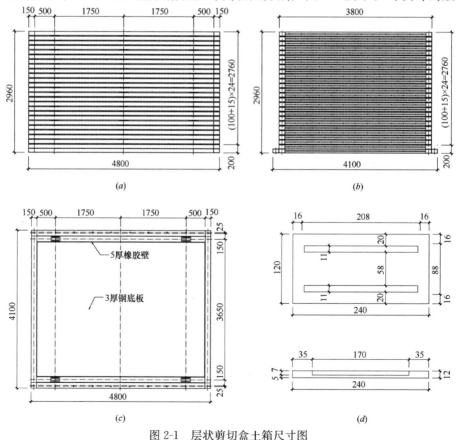

图 2-1 层状剪切盒土箱尺寸图

（a）正立面；（b）侧立面；（c）平面图；（d）层间垫板俯视图与侧视图

切变形土箱进行了强度和刚度验算，验算结果表明所设计的以上剪切盒满足规范要求的强度和刚度要求。

2.3　试验模型设计与制作

2.3.1　模型的相似设计

本试验按 Bockinghamπ 定理导出各物理量的相似关系式，见表 2-2。选取一个双向单跨的 12 层钢筋混凝土框架为原型单元，其梁、柱、板均设计为现浇；地基土原型为黄砂和木屑的混合物，可以认为原型体系为典型的上海小高层建筑体系。在振动台模型试验的设计中，模型的几何尺寸的缩尺比例为 $S_l = 1/6$，结构与地基土体的质量密度相似系数为 $S_\rho = 1$，上部结构和桩基的弹性模量相似系数约为 $S_E = 1/4$，并按试验后的实际材料性能确定相似系数。表 2-2 中列出了缩尺比例模型各物理量的相似关系式。土、基础、上部结构遵循相同的相似关系。

动力模型试验的相似关系

表 2-2

	物理量	关系式	试验 1/6 模型	备注
材料特性	应变 ε	$S_\varepsilon = 1.0$	1	模型设计控制
	应力 σ	$S_\sigma = S_E$	1/2.251	
	弹性模量 E	S_E	1/2.251	
	泊松比 μ	$S_\mu = 1.0$	1	
	密度 ρ	S_ρ	1	
几何特性	长度 l	S_l	1/6	模型设计控制
	面积 S	$S_S = S_l^2$	1/36	
	线位移 X	$S_X = S_l$	1/6	
	角位移 β	$S_\beta = 1.0$	1	
荷载	集中力 P	$S_P = S_E S_l^2$	1/81.036	—
	面荷载 q	$S_q = S_E$	1/2.251	
动力特性	质量 m	$S_m = S_\rho S_l^3$	1/216	动力荷载控制
	刚度 k	$S_k = S_E S_l$	1/13.506	
	时间 t	$S_t = (S_m/S_k)^{1/2}$	0.2501	
	频率 f	$S_f = 1/S_t$	3.9987	
	阻尼 c	$S_c = S_m/S_t$	0.0185	
	速度 v	$S_v = S_l/S_t$	0.6665	
	加速度 a	$S_a = S_l/S_t^2$	2.6650	

2.3.2 模型的设计与制作

上部结构采用 12 层框架模型，土、基础和上部结构均遵循表 2-2 的相似关系设计。原型和模型概况见表 2-3。

上部结构和基础的模型材料为混合砂浆和镀锌钢丝。通过对不同配合比进行试配得到符合本次振动台试验的配合比要求，然后进行上部结构和桩基础的浇筑。

试验中浇筑了 6 组缩尺 1/6 的框架结构和三组 3×3 群桩基础及其底梁三个。12 层纯框架结构以及设置阻尼器的上部结构模型均采用逐层现浇的方式，浇筑过程中严格控制砂浆的配合比以及构件的尺寸。为了便于对比，减少模型制作带来的影响，六个模型同时施工。考虑到试验过程中的可操作性，模型桩基与上部结构采用装配式浇筑，预留有一定尺寸的螺栓孔。

原型和模型概况 表 2-3

	项目	原型	1/6 模型
上部结构	层数	12	12
	H/B	6	6
	层高（m）	3	0.5
	总高（m）	36	6
	平面尺寸（m）	6×6	1×1
	材料	C30 混凝土	M8 混合砂浆
	梁截面（mm）	300×600	50×100
	柱截面（mm）	500×600	85×100
	板厚（mm）	120	20
	配重	墙重、活载	计算确定
板	平面尺寸（mm）	7200×7200	1200×1200
	厚度（mm）	1200	200
	材料	C30 混凝土	C30 混凝土
基	材料	C30 混凝土	M8 混合砂浆
	桩长（m）	12	2
	桩截面（mm）	450×450	75×75
体	材料	—	黄砂与木屑的混合物
	厚度（m）	16.8	2.8

2.3.3 模型土介质的选取

在研究大型 SSI 效应的振动台试验中，重塑土作为模型场地土被广泛地应用于振动台试验中。但是对于涉及相似理论的振动台试验，重塑土的物理和力学性能常常不能完全满足相似理论的要求，而解决这一问题的方法是将若干种土体材料混合而成来满足相似理论的振动台试验用土。基于已有研究，本次振动台试验采用锯末和黄砂配制而成的模型土来模拟场地土。黄砂选取中砂，在模型土制备时，木屑和黄砂的比例是1：2.5，通过适当的搅动，改变土的特性，使之接近模型土的要求。在振动台试验前模型所用材料均进行材料性能试验来实测得到材料的性能参数。

2.4 黏滞阻尼器的设计与制作

2.4.1 结构地震响应分析

采用 ANSYS 软件对本振动台试验模型框架结构进行三维建模分析，分析方法为反应谱法。该结构的前三阶振型周期分别为0.48s、0.47s 和0.29s。在地震作用下结构 X 向的最大层间位移角为1/389，超出了现行国家标准《建筑抗震设计标准》GB 50011 对钢筋混凝土框架结构弹性层间位移角规定的1/550 的限值。本书采用附加黏滞阻尼器的方法来减小结构地震响应，提高结构的抗震性能。

2.4.2 附加阻尼比计算

由于该结构的弹性层间位移角不满足规范要求，所以本书将以结构的最大层间位移角为控制目标，计算出其值等于规范限值时所需附加的阻尼比。为方便附加阻尼比的计算，此处定义结构的位移减震率为：

$$\mu_{\mathrm{d}} = \frac{\Delta u_0 - \Delta u_{\mathrm{c}}}{\Delta u_0} \times 100\% \tag{2-1}$$

式中 Δu_0、Δu_{c} ——纯框架结构（未设置阻尼器）和减震结构（设置阻尼器）的最大层间位移角。

假设减震结构（附加阻尼器）的最大层间位移角满足规范的限值1/550，则由上式可以得出结构的目标位移减震率约为30%。结构加阻尼器前的阻尼比可取为 $\xi_0 = 0.05$，假设加阻尼器后体系的阻尼比为 ξ_{c}。由加阻尼器后地震影响系数 α 降低30%的条件可得下式：

$$f(\xi_{\mathrm{c}}) = (1 - 0.30) f(0.05) \tag{2-2}$$

求解得到附加黏滞阻尼器后体系的总阻尼比应为 $\xi_{\mathrm{c}} = 0.1423$，因此阻尼器给结构附加的阻尼比为 $\xi_{\mathrm{d}} = \xi_{\mathrm{c}} - \xi_0 = 0.0923$。

2.4.3 黏滞阻尼器参数设计

附加黏滞阻尼器后，结构体系的阻尼比将发生变化。假定加阻尼器后的结构等效阻尼比为 ξ_{eff}，则有

$$\xi_{\mathrm{eff}} = \xi_0 + \xi_{\mathrm{d}} \tag{2-3}$$

式中 ξ_0 ——纯框架结构的阻尼比；

ξ_d ——阻尼器所附加的阻尼比。

根据现行国家标准《建筑抗震设计标准》GB 50011 的规定，阻尼器提供的附加阻尼比 ξ_d 可按下列公式估算：

$$\xi_d = \sum_j W_{Dj}/4\pi W_s \tag{2-4}$$

式中 W_{Dj} ——第 j 个阻尼器在一个周期内消耗的能量；

W_s ——结构在地震作用下的总应变能。

在水平地震作用下，非线性黏滞消能器循环往复一周所消耗的能量在现行行业标准《建筑消能减震技术规程》JGJ 297 中有相关的定义，而本书将根据美国 FEMA 274 规范所介绍的等能量法（Equivalent Energy Consumption）来进行设置黏滞阻尼器结构等效阻尼比的计算。根据等能量法，黏滞阻尼器在一个周期内所消耗的能量 W_D 可按下列公式计算：

$$W_D = \lambda C \omega^\alpha (u_c)^{1+\alpha} \tag{2-5}$$

式中 ω ——结构自振圆频率；

u_c ——阻尼器轴向位移；

C ——黏滞阻尼器的阻尼系数；

α ——黏滞阻尼器速度指数，对于本试验采用非线性黏滞阻尼器，$\alpha = 0.2$；

λ ——计算参数，其值仅与 α 有关，可由公式计算或者查表得到。

对该结构进行阻尼器参数计算时可只考虑结构第一振型的影响，所以阻尼器轴向位移可以写成如下形式：

$$u = A\phi_r \cos\theta \tag{2-6}$$

式中 A ——顶层最大位移；

ϕ_r ——第一振型楼层正规化位移差，其取值见表 2-4；

θ ——消能器的消能方向与水平面的夹角，在本次考虑 SSI 效应的消能减震振动台模型试验中所附加的黏滞阻尼器按照一字形方式安装与布置，即可以得到 $\theta = 0$。

<table>
<tr><td colspan="8" align="center">结构质量、刚度及位移信息   表 2-4</td></tr>
<tr>
<td>楼层</td>
<td>楼层质量
（t）</td>
<td>楼层最大位移
（mm）</td>
<td>第一振型
正规化位移</td>
<td>第一振型
正规化位移差</td>
<td>层间位移角</td>
<td>楼层剪力
（kN）</td>
<td>楼层刚度
（kN/m）</td>
</tr>
<tr><td>1</td><td>0.232</td><td>0.592</td><td>0.052</td><td>0.052</td><td>1/845</td><td>3.420</td><td>5779.81</td></tr>
<tr><td>2</td><td>0.232</td><td>1.709</td><td>0.149</td><td>0.097</td><td>1/448</td><td>3.392</td><td>3036.69</td></tr>
<tr><td>3</td><td>0.232</td><td>2.972</td><td>0.259</td><td>0.110</td><td>1/396</td><td>3.312</td><td>2621.02</td></tr>
<tr><td>4</td><td>0.232</td><td>4.258</td><td>0.371</td><td>0.112</td><td>1/389</td><td>3.180</td><td>2473.47</td></tr>
<tr><td>5</td><td>0.232</td><td>5.513</td><td>0.480</td><td>0.109</td><td>1/398</td><td>2.999</td><td>2389.19</td></tr>
<tr><td>6</td><td>0.232</td><td>6.707</td><td>0.584</td><td>0.104</td><td>1/419</td><td>2.773</td><td>2321.86</td></tr>
</table>

续表

楼层	楼层质量 （t）	楼层最大位移 （mm）	第一振型 正规化位移	第一振型 正规化位移差	层间位移角	楼层剪力 （kN）	楼层刚度 （kN/m）
7	0.232	7.817	0.681	0.097	1/451	2.504	2257.04
8	0.232	8.820	0.768	0.087	1/498	2.193	2185.09
9	0.232	9.700	0.845	0.077	1/569	1.840	2092.60
10	0.232	10.439	0.909	0.064	1/676	1.447	1955.39
11	0.232	11.030	0.961	0.052	1/846	1.011	1710.24
12	0.232	11.481	1.000	0.039	1/1110	0.528	1171.74

注：第一振型正规化位移差为结构第一振型位移正规化后上下楼层间的相对差值。

若忽略结构扭转的影响，地震作用下结构的总应变能按照以下公式估算：

$$W_s = \frac{1}{2} \sum_i k_i u_i^2 = \frac{1}{2} \sum_i m_i \omega^2 (A\phi_i)^2 \tag{2-7}$$

式中　m_i——第 i 个自由度的质量；

　　　ω——结构第一阶自振圆频率；

　　　ϕ_i——第一振型第 i 个自由度的正规化位移，各参数取值见表 2-4。

结构等效阻尼比的计算公式如下：

$$\xi_{\mathrm{eff}} = \xi_0 + \frac{\sum_j \lambda_j C_j \phi_{rj}^{1+\alpha} \cos^{1+\alpha} \theta_j}{2\pi A^{1-\alpha} \omega^{2-\alpha} \sum_i m_i \phi_i^2} \tag{2-8}$$

假设在该结构的每一楼层均安装相同数量相同参数的阻尼器。各阻尼器的速度指数 α 均取为 0.2，可得各楼层的阻尼系数之和为：

$$C = \frac{2\pi \xi_{\mathrm{d}} A^{1-\alpha} \omega^{2-\alpha} \sum_i m_i \phi_i^2}{\lambda \cos^{1+\alpha} \theta \sum_j \phi_{rj}^{1+\alpha}} \tag{2-9}$$

求得各楼层阻尼系数之和为 $C = 886.47\mathrm{N} \cdot \mathrm{s/m}$。若每个楼层布置 2 个阻尼器，则每个非线性黏滞阻尼器的阻尼系数均为 $C_1 = 443.2\mathrm{N} \cdot \mathrm{s/m}$。

对于工程中应用较广泛的非线性黏滞阻尼器，规范并没有具体给出支撑的刚度设计公式，考虑到工程的实际可行性，取：

$$K_{\mathrm{b}} / (\omega_0 \cdot C_D) = [3,6] \tag{2-10}$$

本书设计取：

$$K_{\mathrm{b}} = 5\omega_0 \cdot C_D = 1.825\mathrm{kN/m} \tag{2-11}$$

式中　K_{b}——支撑刚度；

　　　ω_0——结构固有频率；

　　　C_D——黏滞阻尼器的阻尼系数。

最终振动台试验所用黏滞阻尼器的支撑为 Q345 的双肢等边角钢 L30×4。

2.4.4 黏滞阻尼器力学性能

试验过程中，在框架结构模型的 X 向每个楼层上共计安装 24 组相同尺寸和力学性能的阻尼器。非线性黏滞阻尼器为上海材料所生产。

1. 黏滞阻尼器参数

阻尼器参数见表 2-5，黏滞阻尼器参数及连接构造如图 2-2 所示。

模型黏滞阻尼器的具体参数　　　　　　　　　　表 2-5

项目	参数	项目	参数
数目	48	阻尼指数 α	0.2
阻尼系数 C^m [kN·(s/m)$^{0.2}$]	300	最大出力（kN）	0.7

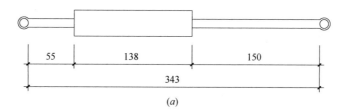

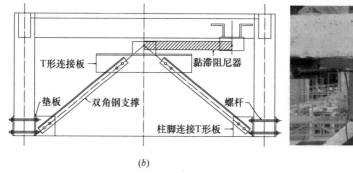
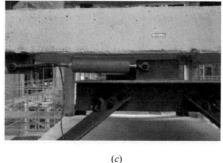

图 2-2　黏滞阻尼器参数及连接构造图（mm）

（a）黏滞阻尼器尺寸；（b）黏滞阻尼器连接构造图；（c）黏滞阻尼器实际连接图

2. 试验工况

黏滞阻尼器的性能试验采用往复加载方式，右位移控制，并考虑了不同加载位移幅值、不同加载频率工况下黏滞阻尼器的性能。对非线性黏滞阻尼器实行如表 2-6 所示的加载工况。首先在加载速度为 100mm/s 情况下加载 1 个循环至 1.5 倍最大设计位移 12mm，检测极限位移能力是否符合产品设计值要求；其次施加频率为 1.990Hz，幅值为 8mm 的正弦波位移荷载，连续加载 5 个循环，确定最大阻尼力；然后针对 5 种加载频率，即 0.265Hz、0.531Hz、1.062Hz、1.592Hz、2.123Hz，施加幅值 6mm 的正弦波位移荷载，每个频率循环加载 5 圈，确定阻尼系数和阻尼指数；最后增加工况 8、9 检验阻尼器参数稳定性。

黏滞阻尼器加载工况示意图　　　　　　　　　　　　　　表 2-6

工况	加载模式	位移幅值 u_1 （mm）	加载速率 v （mm/s）	水平加载频率 f_1 （Hz）	循环次数	试验目的
1	采用静力加载试验，控制试验机的加载系统使黏滞阻尼器以匀速方式缓慢运动，得到其伸缩运动的极限位移					
2	$u = u_1 \cdot \sin(2\pi f_1 t)$	8	100	1.990	5	极限荷载
3		—	10	0.265		
4			20	0.531		
5	$u = u_1 \cdot \sin(2\pi f_1 t)$	6	40	1.062	5	阻尼系数与阻尼指数
6		—	60	1.592		
7			80	2.123		
8	—	—	40	1.062	5	检验稳定性
9	—	—	10	0.265		

3. 测试结果分析

对生产的黏滞阻尼器进行了性能试验，图 2-3 为其对应的速度-力关系曲线，从图中可以看出，阻尼器的参数在规范要求的范围内，误差较小。

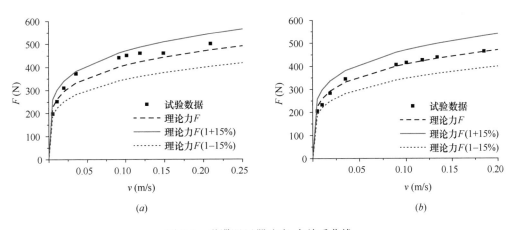

图 2-3　黏滞阻尼器速度-力关系曲线

（a）4 号黏滞阻尼器；（b）45 号黏滞阻尼器

图 2-4 为黏滞阻尼器性能试验测得的阻尼力-相对位移关系曲线，可以看出，黏滞阻尼器的滞回曲线饱满，说明振动台试验所用的非线性黏滞阻尼器具有良好的滞回耗能能力。

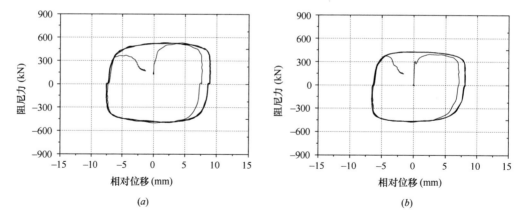

图 2-4　黏滞阻尼器阻尼力-位移关系曲线
(a) 4 号黏滞阻尼器；(b) 14 号黏滞阻尼器

2.5　金属阻尼器的设计与制作

2.5.1　金属阻尼器参数设计

振动台试验中，金属阻尼器均采用开菱形洞口的软钢阻尼器（HADAS），并采用人字撑布置在结构上。金属阻尼器的设计步骤和相关的设计准则为：

（1）根据结构设计选取抗弯构件的梁、柱截面，进而求出各楼层的侧向刚度值 k_f，见表 2-7。

（2）针对短、中周期的结构可以采用 SR（框架与消能构件的侧向刚度比）值较高的加劲阻尼构件，一般取 $SR=3$。其中 SR 如下列公式：

$$SR = k_a / k_f \tag{2-12}$$

式中　k_a——加劲阻尼构件的刚度，包括阻尼器本身的刚度和支撑的刚度。

（3）由框架各楼层的侧向刚度值 k_f 以及选定的刚度比 SR 值，便可求得加劲阻尼构件的设计侧向刚度 k_a。

（4）加劲阻尼构件的屈服强度设计：由结构地震响应分析可得各层间剪力在设计地震作用下沿楼层的大小，见表 2-4 中的楼层剪力。将此层间剪力乘以 $SR/(1+SR)$ 即为弹性范围内加劲阻尼构件所分担的侧向力。此侧向力可以作为加劲阻尼构件的设计屈服强度。

（5）加劲阻尼装置的刚度的确定：由前面第（3）项中加劲阻尼构件侧向刚度 k_d 依据 B/D 的并联比例来分配，可以得到加劲阻尼装置侧向刚度为：

$$k_d = \frac{1+B/D}{B/D} k_a \tag{2-13}$$

斜撑构件的侧向刚度为：

$$k_{\mathrm{b}} = \frac{B}{D} k_{\mathrm{a}}$$

（2-14）

其中，B/D 是斜撑构件与加劲阻尼装置的并联比例系数，以 2～5 为最佳。

在进行 HADAS 设计时，取 $B/D=4$。因为在结构的 X 向每层布置两个相同大小的 HADAS 与斜撑，所以对于每一个 HADAS，其 HADAS 装置的侧向刚度为 $k_{\mathrm{d1}} = 0.5 k_{\mathrm{d}}$。

（6）斜撑构件的具体选择。试验中选择等边角钢作为阻尼器的支撑构件，在仅考虑轴力效应的情况下，斜撑构件的侧向刚度 k_{b} 为：

$$k_{\mathrm{b}} = \frac{2EA\cos^2\alpha}{L}$$

（2-15）

式中　A ——斜支撑构件截面面积；

　　　E ——钢材弹性模量；

　　　L ——斜支撑构件有效长度。

金属阻尼器设计　　　　　　　　　　　　　　　表 2-7

楼层	楼层刚度 (kN/m)	加劲构件刚度 (kN/m)	加劲构件 侧向刚度 (kN/m)	斜撑构件 侧向刚度 (kN/m)	单个加劲 构件刚度 (kN/m)	加劲构件 屈服力 (kN)
1	5779.81	17339.44	21674.30	69357.76	10837.15	2.57
2	3036.70	9110.09	11387.61	36440.36	5693.81	2.54
3	2621.03	7863.08	9828.85	31452.31	4914.42	2.48
4	2473.47	7420.42	9275.52	29681.66	4637.76	2.39
5	2389.20	7167.59	8959.48	28670.34	4479.74	2.25
6	2321.87	6965.61	8707.01	27862.43	4353.51	2.08
7	2257.04	6771.12	8463.90	27084.49	4231.95	1.88
8	2185.10	6555.29	8194.11	26221.16	4097.06	1.65
9	2092.60	6277.81	7847.27	25111.25	3923.63	1.38
10	1955.39	5866.17	7332.72	23464.69	3666.36	1.09
11	1710.24	5130.72	6413.40	20522.87	3206.70	0.76
12	1171.74	3515.21	4394.01	14060.83	2197.01	0.40

在振动台试验中，框架结构中的 HADAS 阻尼器是均匀布置在每一楼层的，每一楼层布置两个，而且每一个阻尼器选用相同的设计参数，得到最终的阻尼器参数为：初始刚度为 3000kN/mm，屈服力为 1.96kN。在阻尼器的设计施工中，斜支撑选用 Q345 的双肢等边角钢 L30×4，其侧向刚度 $k_{\mathrm{b}} = 3.355 \times 10^7$ kN/m。

2.5.2 金属阻尼器力学性能

1. 金属阻尼器参数

金属阻尼器是由上海材料研究所生产的小型金属阻尼器，阻尼器参数见表2-8，阻尼器尺寸如图2-5所示。图2-6为安装在上部结构的金属阻尼器。

金属阻尼器的设计参数 表2-8

项目	参数
屈服力（N）	3000
屈服位移（mm）	1.96
初始刚度（N/mm）	1531

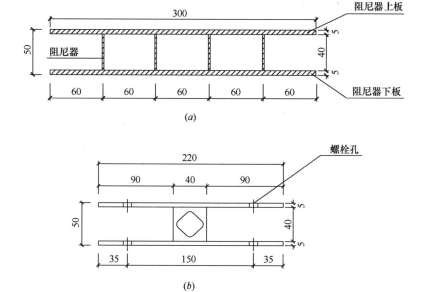

图2-5 金属阻尼器尺寸（mm）

（a）金属阻尼器侧视图；（b）金属阻尼器正视图

2. 测试装置

为了测试生产的软钢阻尼器的力学性能，对其进行了低周反复荷载加载试验。为了更好地模拟阻尼器在结构中的受力状态，低周反复试验中约束了软钢阻尼器连接板的竖向位移，形成更接近实际的纯剪受力状态，加载装置如图2-7所示。

3. 试验工况

试验采用位移控制加载制度，采用往复加载方式，波形为正弦波，位移幅值和周期见表2-9，每级加载反复2次。

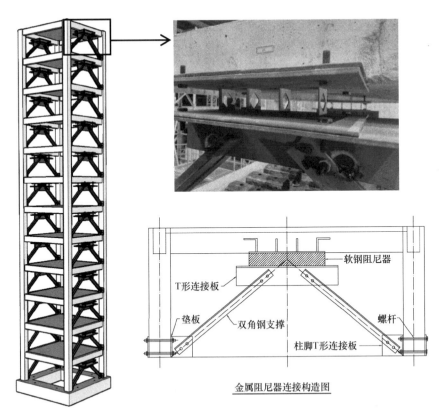

图 2-6　安装在上部结构的金属阻尼器

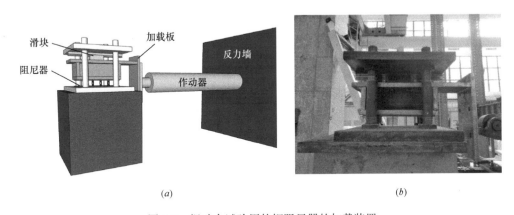

(a)　　　　　　　　　　　　　　(b)

图 2-7　振动台试验用软钢阻尼器的加载装置

（a）软钢阻尼器加载装置示意图；（b）软钢阻尼器实际加载装置

软钢阻尼器性能试验加载参数　　　　　　　　　　　表 2-9

试验步骤	反复加载位移幅值（mm）	周期（s）	循环次数
1	±0.5	20	2
2	±1.0	20	2

试验步骤	反复加载位移幅值（mm）	周期（s）	循环次数
3	±2.0	20	2
4	±4.0	20	2
5	±8.0	20	2
6	±12.0	20	2
7	±18.0	20	2
8	±24.0	20	2
9	±32.0	20	2
10	±40.0	20	2

4. 测试结果分析

阻尼器的试验过程如图 2-8 所示。位移幅值较小时，阻尼器的软钢片主要处于受弯状态；随着位移幅值加大，由于上下连接板始终平行移动，软钢片受拉成分占比增加。最后在位移幅值为 40mm 的反复加载第 1 次循环时，软钢片断裂，阻尼器破坏。阻尼器的滞回曲线如图 2-9 所示，可以看出：阻尼器屈服前，出力-相对变形曲线近似一条直线，说明阻尼器处于线弹性状态；屈服后，位移幅值较小时，出力-相对变形

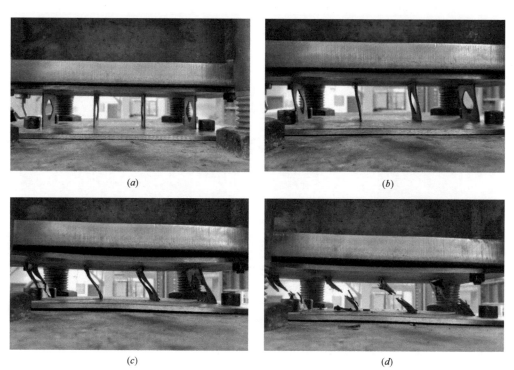

(a) (b)

(c) (d)

图 2-8 低周反复试验阻尼试验过程

（a）未加载 ；（b）位移幅值 8mm；（c）位移幅值 24mm ；（d）阻尼器破坏

曲线斜率大幅降低，但仍然近似直线，说明阻尼器屈服后的刚度很小，此时软钢片主要是受弯屈服，受拉成分较小；屈服后，在位移幅值较大时，出力-相对变形曲线斜率增加，阻尼器受力也急剧增加，形成尖角，说明此时软钢片主要处于受拉状态，外力主要由软钢片的拉力平衡。

根据试验数据可计算出阻尼器的初始刚度为 1.39 kN/mm，屈服力为 2.23kN，屈服位移为 1.60mm。

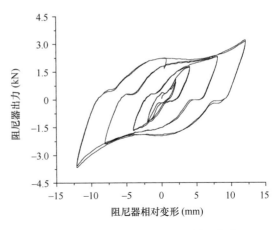

图 2-9　阻尼器低周反复试验滞回曲线

2.6　材料性能指标

2.6.1　模型土的性能参数

为了能较好地反映重塑模型土的物理性质及其动力特性参数，在同济大学土动力学实验室进行了重塑土的动力特性试验。通过土动力试验结果分析可以得到，土试件的应力应变关系与"应变软化"的规律相符，因此 G_d 和 γ_d 之间的关系按照下列公式表述：

$$1/G_d = a_r + b_r \cdot \gamma_d \tag{2-16}$$

式中　a_r、b_r——拟合参数。

当 γ_d 趋向于零时，$1/G_d$ 趋向于 a_r，此时 G_d 用 G_0 来表示，$G_0 = 1/a_r$，G_0 称之为初始动剪切模量。3 组试样的 G_0、a_r、b_r 值见表 2-9。在土性试验中对试样施加的有效围压 σ'_{3c} 统一为 20kPa，若实际承受的有效固结压力不是 20kPa，应按有效固结压力之比的平方根值成正比关系进行修正。

模型土的循环三轴联合试验结果见表 2-10，根据拟合参数绘制的 G_d/G_0-γ_d、D-γ_d 关系曲线如图 2-10 所示。

模型土循环三轴联合试验结果　　　　　　　　　　　　表 2-10

试验编号		1-1	1-2	2-1	3-1
试样取自		PS	PS	PV	PM
动剪切模量参数	G_0（MPa）	6.30	6.35	7.26	7.46
	γ_0	9.09×10^{-4}	8.35×10^{-4}	2.48×10^{-4}	1.37×10^{-4}
	A	1.14	1.25	2.45	3.19
	B	0.45	0.42	0.31	0.28
动阻尼比参数	λ_{min}	1.21×10^{-2}	1.23×10^{-2}	1.18×10^{-2}	1.19×10^{-2}
	λ_0	0.18	0.15	0.15	0.16
	β	1.11	1.04	1.05	1.05

续表

试验编号		1-1	1-2	2-1	3-1
试样取自		PS	PS	PV	PM
拟合参数	a_r	0.15873	0.15748	0.13767	0.13403
	b_r	69.18	66.84	52.95	49.80

注：循环三轴联合试验试件围压均为 20kPa。

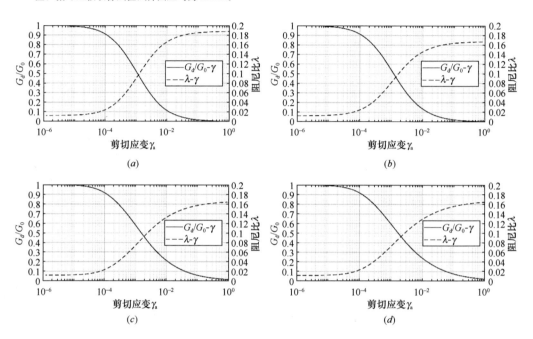

图 2-10　模型土的 G_d/G_0-γ_d、D-γ_d 曲线

(*a*) 模型土试件 1-1；(*b*) 模型土试件 1-2；(*c*) 模型土试件 2-1；(*d*) 模型土试件 3-1

2.6.2　混合砂浆材性试验结果

原型结构采用 C30 混凝土设计，根据表 2-2 的相似比关系，振动台模型试验中采用 M8 的混合砂浆作为模型的浇筑材料。在浇筑模型的同时预留了每一楼层的试样用以测试材料性能。对其立方体强度和弹性模量进行了测试，M8 的混合砂浆的材性试验结果立方体强度均值为 7.291MPa，弹性模量均值为 1.333×10^4 MPa。

2.7　测点布置及量测

在本次考虑 SSI 效应的消能减震振动台试验中，为了测试上部结构的动力响应，分别在结构的每一楼层布置了加速度计、位移计，在结构基底布置了竖向加速度计；为了测试桩基础以及土体的动力响应，在桩身布置了应变传感器和土压力盒，在土体中布置了加速度计；为了测试黏滞阻尼器的出力，在阻尼器轴向上布置了应变传感器；在金属阻尼器的两个斜撑上布置应变传感器用以计算金属阻尼器的出力。量测土的加速度响应的加速度计安放在土中，由于土有一定的含水率，加速度计长时间受潮侵蚀易导致损坏。为此，本试验采用防潮加速度计来解决防水问题，而且用扎带将加速度计固定在钢丝网上，防止加速度计的移位。振动台试验中模型的测点布置如图2-11所示。

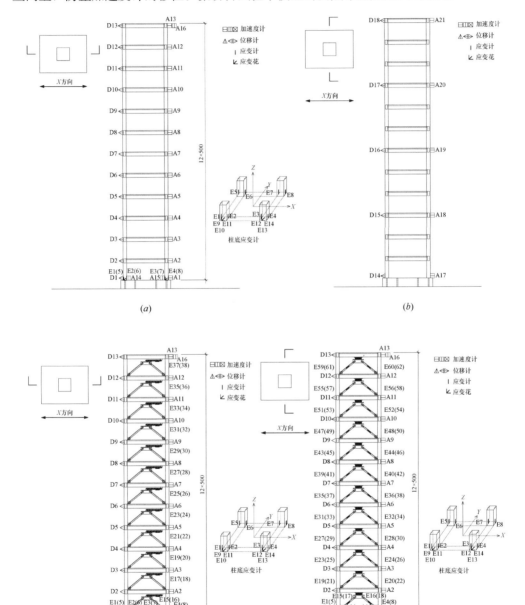

图 2-11　试验测点布置图（一）

（a）RS 试验平行于振动方向测点布置；（b）RS 试验垂直于振动方向测点布置；

（c）RV 试验平行于振动方向测点布置；（d）RM 试验平行于振动方向测点布置

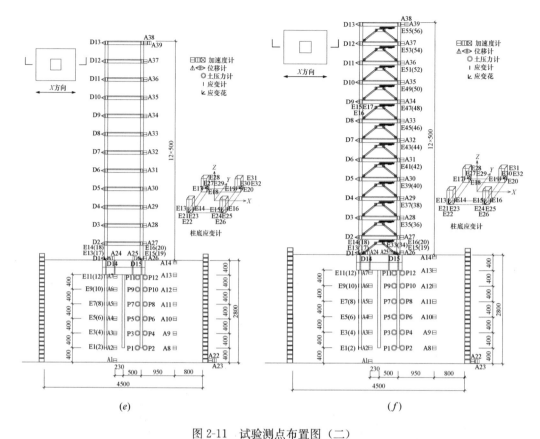

图 2-11　试验测点布置图（二）

(e) PS 试验平行于振动方向测点布置；(f) PV 试验平行于振动方向测点布置

2.8　试验加载过程

本书选取 Kobe 波、台湾 Chi-Chi（集集）波和上海基岩地震波作为地震动输入。图 2-12 为三条地震波的加速度时程曲线及傅氏谱。可以看出：主要强震部分持续时间大约为 30s；其谱值分布很广，在 0.5～22Hz 之间，高频部分频带较宽。Kobe 波是 1995 年日本阪神地震记录的地震动。这次地震是典型的城市直下型地震，主要强震部分的持续时间大约为 20s，地震波形长约 90s。由其加速度的频谱图可以看出傅氏谱值集中在 0～5Hz 间，而且高频段的傅氏谱衰减迅速，第一卓越频率为 1.2Hz。Chi-Chi 波是 1999 年台湾集集地震。这次地震主要强震部分的持续时间为 32s 左右，记录全部波形长约 82s。傅氏谱值集中在 0～8Hz 间，高频段的傅氏谱衰减迅速，第一卓越频率为 1.1Hz。

试验采用单向（X 向）输入激励，台面输入波形为上海基岩波、Kobe 波、Chi-Chi 波。在加载的过程中输入的加速度峰值（PGA）依据我国抗震规范的规定输入，并且按照本次试验的相似关系调整加速度峰值和时间间隔，台面输入加速度峰值按照

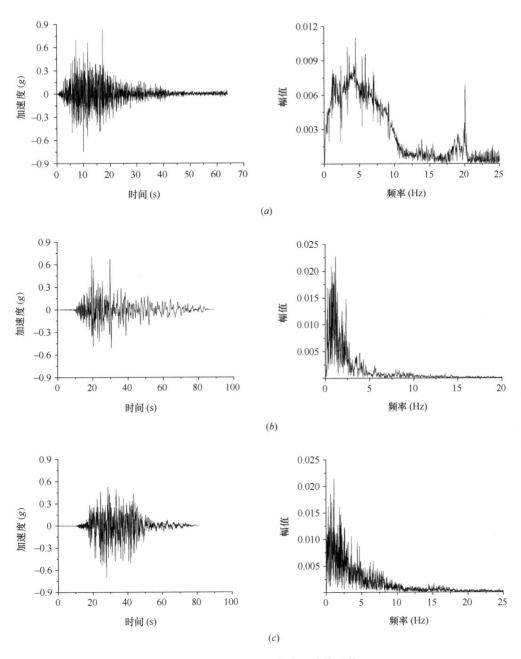

图 2-12　地震波时程曲线及其傅氏谱

（a）上海基岩波时程曲线及其傅氏谱；（b）Kobe 波时程曲线及其傅氏谱；

（c）集集波时程曲线及其傅氏谱

从小量级开始不断分级递增的方式加载，每次激励为 1 次波形输入。试验共进行了 3 个结构-地基动力相互作用体系的试验（PS、PV 和 PM）和 3 个刚性地基上框架结构的试验（RS、RV 和 RM），加载过程见表 2-11。在加速度输入大小改变前后都输入小振幅的白噪声激励，用来观测试验模型动力特性的变化。在实际试验中，PS 试验在未完成计划的全部工况时，模型即已发生较大的倾斜和破坏而终止，最终做了 19 个工况（SJ5 工况做完）。因为刚性地基上的三个结构 RS、RV、RM 同时进行，最终和 RV、RM 结构做完了 25 个工况。

试验加载过程　　　　表 2-11

序号	工况	加载等级	加速度峰值（g）	
			原型	1/6 模型
			X 向	X 向
1	WN1	—	—	0.07
2、3、4	SJ1、KB1、CC1	1	0.05	0.133
5	WN2	—	—	0.07
6、7、8	SJ2、KB2、CC2	2	0.1	0.267
9	WN3	—	—	0.07
10、11、12	SJ3、KB3、CC3	3	0.2	0.533
13	WN4	—	—	0.07
14、15、16	SJ4、KB4、CC4	4	0.3	0.8
17	WN5	—	—	0.07
18、19、20	SJ5、KB5、CC5	5	0.4	1.066
21	WN6	—	—	0.07
22、23、24	SJ6、KB6、CC6	6	0.5	1.333
25	WN7	—	—	0.07

注：1. SJ 为上海基岩波；

2. KB 为 Kobe 波；

3. CC 为 Chi-Chi 波；

4. 设计加速度放大系数：1/6 模型 $Sa = 2.665$；

5. 设计时间压缩系数：1/6 模型 $St = 0.2501$。

第3章 考虑SSI效应的消能减震结构振动台试验结果

3.1 引言

本章根据振动台试验得到的试验结果，从6个振动台模型试验的试验现象、体系的动力特性、土体中加速度、桩身应变和桩-土接触压力、上部结构的加速度、楼层位移、层间位移角、层间剪力、阻尼器出力等方面对试验结果进行了阐述，对规律性结果进行归纳。通过结果的分析和对比，对SSI效应在不同加速度输入下对消能减震效果的影响有了一定的了解和认识，为进一步研究和优化耗能阻尼器提供试验依据。

3.2 考虑SSI效应的12层框架结构振动台试验

PS模型试验共进行了19个工况的振动试验，加载过程见表2-11。为了方便，在以下叙述中以工况代号表示各工况，如在试验PS中SJ1表示峰值为0.133g的上海基岩波作用下的工况，工况代号见表2-10。试验时的模型如图3-1所示。

图 3-1 PS试验模型

3.2.1 试验现象

对于上部结构，试验时在前 10 个工况中上部结构没有发现裂缝。试验不同工况下 PS 结构的裂缝如图 3-2 所示。工况 11（KB3）后 3～7 层、10 层开始出现细微裂缝，主要集中在梁柱交接处的梁端，如图 3-2(a) 所示；工况 12（CC3）后，2～10 层结构的梁柱交接处均出现裂缝，且宽度较宽，约有 0.1mm，如图 3-2(b) 所示；工况 14（SJ4）后，结构的梁柱交接裂缝更加明显，在原来的基础上继续发展，如图 3-2(c) 所示；工况 15（KB4）后，结构的梁柱交接裂缝宽度约 0.3mm，柱子和板上的裂缝开始发展，如图 3-2(d)～图3-2(f) 所示；工况 16（CC4）后，混凝土开始出现部分剥落，尤其是在底层和 11 层，柱子上的裂缝更加明显，如图 3-2(g)、图 3-2(h) 所示。可以发现，PS 模型中结构损伤可以分为梁端受弯裂缝和柱端受弯裂缝及压碎。梁端裂缝分布，上部（9、10、11 层）裂缝最大、下部（3、4 层）次之，其他层裂缝较小；框架柱端损伤分布，上部（9、10、11 层）最严重，中部（8 层）次之，其他层损伤较少。

(a) (b)

(c) (d)

图 3-2 PS 试验上部结构裂缝发展图（一）

(a) KB3 工况 10 层梁端裂缝；(b) CC3 工况 8 层梁、柱连接处裂缝；

(c) SJ4 工况 8 层梁、柱连接处裂缝；(d) KB4 工况 8 层梁、柱连接处裂缝

图 3-2　PS 试验上部结构裂缝发展图（二）

（*e*）KB4 工况 9 层柱上裂缝；（*f*）KB4 工况 11 层梁端裂缝；

（*g*）CC4 工况 3 层梁端裂缝；（*h*）CC4 工况 11 层柱上混凝土剥落

试验结束后，挖出桩体，图 3-3 为 PS 试验桩基裂缝图。从图中可以看到，桩顶部的混凝土剥落，桩尖裂缝较少或没有裂缝，桩基没有破坏。

图 3-3　PS 试验桩基裂缝图

3.2.2　模型的动力特性

在地震中，土体频率与土体剪切模量和深度等因素相关，根据模态参数辨识方法，可得到 PS 模型土体频率，见表 3-1。可以看出，在峰值恒定为 0.07g 的白噪声（WN 工况）作用下，土体频率保持在 5Hz 左右，说明在白噪声加载过程中土体的性质较为稳定，没有出现较大变化。在其他三组（SJ 工况、KB 工况、CC 工况）峰值逐级递增的地震动作用下，土体频率出现了明显的下降，这是因为逐级增大的地震激励导致土体的剪切变形增大，随着剪应变的增加土体的剪切模量会有所下降，从而土体的等效剪切模量降低，导致土体频率下降。

土体频率　　　　　　　　表 3-1

| 加载等级 | 地震动下土体频率（Hz） | | | |
	WN	SJ	KB	CC
1	5.36	5.39	4.92	5.11
2	5.30	5.12	3.93	4.25
3	5.02	4.74	3.59	3.84
4	4.92	4.07	3.51	3.31
5	4.94	3.63	—	—

与刚性地基不同的是，考虑 SSI 效应的结构其基础可以发生转动、平动等变形，尤其是土体较软时，基础的变形较大程度地影响了整个体系的动力特性。根据白噪声扫频工况下结构顶层的加速度利用模态参数辨识可以得到纯框架结构的频率和阻尼比，见表 3-2，实验室数据采样频率为 256Hz。分析表 3-2 结果可见：

（1）随着振动次数的增加，模型的频率不断下降。第一工况 WN1 扫频时由结构顶层测点得到的 SSI 体系的第一阶频率为 1.50Hz，在经历了两次振动后 WN2 工况时，频率降低为 1.38Hz，降低了 8%；6 次振动后，土体模型地表测点得到的频率仅为初始状态时的 37.33%。

（2）随着振动次数的增加，SSI 体系模型的阻尼比大体上不断增加。在 PS 试验中，第一工况 WN1 扫频时由结构顶层测点得到的整体的阻尼比为 4.3%；6 次振动后，模型的阻尼比约为初始状态时的 2.7 倍。

PS 模型前三阶频率和第一振型阻尼比　　　　　　　　表 3-2

| 序号 | 工况代号 | PS 试验 | | | |
| | | 第一振型 | | 第二振型 | 第三振型 |
		频率（Hz）	阻尼比（%）	频率（Hz）	频率（Hz）
1	WN1	1.50	4.3	4.56	9.44
2	WN2	1.38	4.9	4.50	9.19
3	WN3	1.25	4.8	3.56	7.63
4	WN4	0.81	7.1	2.38	5.00
5	WN5	0.56	11.6	1.75	4.19
6	WN6	0.56	11.6	1.75	4.13

通过上面的分析发现：随着振动次数的增加，PS 模型的整体频率降低、阻尼比

增加，这是 SSI 体系模型动力特性变化的基本规律，这也与相关研究相吻合。产生该现象的原因是随着振动激励次数的不断增加，土体的动剪切强度和动剪切模量下降，而土体的阻尼比增加，土体的非线性发展。从上述试验结果可以看到，试验结果与模型安装、固结时间以及试验程序等有关。

PS 模型的 X 向前三阶振型如图 3-4 所示。从上部结构的振型可以得出：由于前二阶振型频率明显小于土体频率，该频率处土体的响应相对较小，此时 SSI 体系的振型主要表现为上部结构的响应，土体对振型的影响很小。随着试验逐级加载，结构损伤不断地累积，中上楼层的响应在相对加强，中下楼层的响应相对减弱。从图 3-4(c) 土体频率处的振型来看，此时土体的响应非常明显，大多数振型幅值在土表面达到最

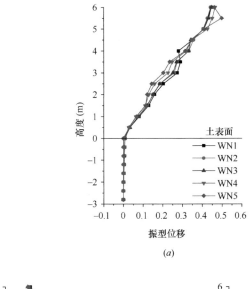

(a)

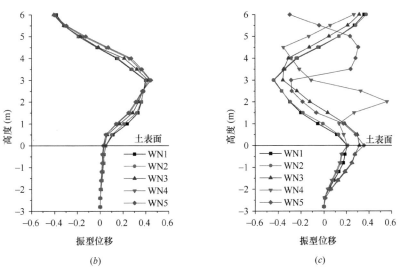

(b)　　　　　　　　　　　　　　　(c)

图 3-4　PS 模型 X 向前三阶振型

(a) X 向第一阶振型；(b) X 向第二阶振型；(c) 土体频率处振型

大值，说明在土体频率处 SSI 体系的振型受土体影响显著，其振型幅值分布明显有别于刚性地基结构。从上部结构振型形状看，WN1～WN3 工况，土体频率处主要激发的是上部结构的二阶振型；WN4～WN5 工况，土体频率处主要激发的是上部结构的三阶振型。

3.2.3 土体加速度

1. 不同高度处加速度峰值放大系数

A1～A7 测点、A8～A14 测点（图 2-11）为在同一平面位置、不同高度处的测点，由 A8～A14 测点以及上部结构 A26～A38 测点的加速度峰值相对容器底板上测点 A22（或者振动台台面）的加速度输入的放大系数，绘出不同高度处土体的加速度峰值放大系数与测点高度的关系曲线，如图 3-5 所示。从图中可以看到：

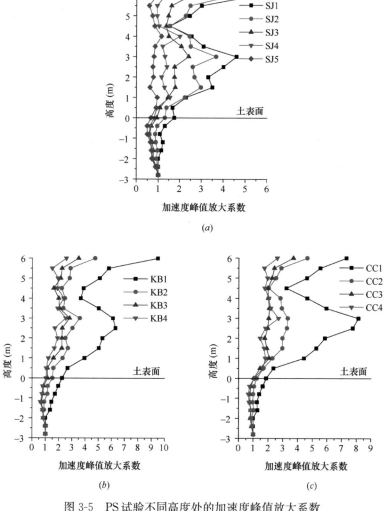

图 3-5　PS 试验不同高度处的加速度峰值放大系数

（a）上海基岩波工况；（b）Kobe 波工况；（c）集集波工况

（1）随着各测点离剪切容器底面的距离增加，土体的加速度峰值放大系数变化规律为：先减小后增大。

（2）相对于台面输入的加速度峰值，各点的加速度峰值放大系数在小震下大于 1，说明在小震下砂土层有效地传递了震动，具有放大的效应；而在中震或大震下均小于 1，说明模型土软土起到减震隔震作用。

（3）随着 PGA 的增大，下部土体和上部结构的加速度峰值放大系数减小。

（4）在相同 PGA 输入的情况下，在 Kobe 波和集集波输入下的响应较上海基岩波下的大，这与试验中观察到的现象一致。原因是 Kobe 波和集集波的低频成分丰富，而土体的频率也较低，高频能量在土体中被吸收，低频能量在土体中得以传播。

另外，随着输入加速度峰值的增加，土体加速度峰值放大系数减小得没有上部结构那么明显。这是由于 PS 试验中，模型土是锯末和黄砂的混合物，属于松软土，在正式试验前经受了振动台"热机运动"，土体已有一定程度的非线性发展，土体的动剪切强度和动剪切模量均较低，而阻尼较高，振动能量不易在土体中传递。

2. 土体的加速度响应时程及其傅氏谱

在 PS 模型中桩-土-结构相互作用下的同一平面位置、不同高度处布置了 A1～A7 测点加速度计。和 A1～A7 测点相对应，PS 模型中为了比较自由场处加速度的响应，在离桩-土-结构一定的距离处、同一平面位置、不同高度处布置了 A8～A14 测点。而试验中，SSI 体系的基础顶面记录得到的加速度不再是"自由场"运动，因为其包含了 SSI 效应对基底地震动的影响的分量，所以把土体表面处与基础有一定距离的 A14 测点作为自由场的加速度响应。

为了比较在同一高度处位于结构下部的土体 A2～A7 测点与自由场处土体 A8～A13 测点加速度响应，图 3-6(a) 和图 3-6(b) 绘出了 PS 模型在 SJ1、SJ5 工况下的加速度响应时程及其傅氏谱。从时程图中可以看到，在土体中下部，位于结构下部的土体测点和自由场处的测点加速度响应差别不太明显，而在土体表面，位于结构下方的土体测点加速度幅值大于自由场处的响应，这主要是因为土体表面受到上部结构和基础的影响较大，土-基础-结构相互作用时土体的响应大于自由场处的土体响应；从傅氏谱图中可以看到，在土体中下部，两者无论从频谱组成还是幅值上差异不大，而在土体上部两者在高频部分出现了明显的差异，结构下方土体的加速度幅值大于自由场测点的响应，这种差异在 SJ5 工况表现的更加明显。

对于 A2～A7 测点，从时程图中可以看出：SJ1 工况下，自下而上，土体响应增大；从傅氏谱图看到，土体上部测点响应的频谱组成较丰富，幅值较大，而在土体底部测点的响应则主要由低频组成，幅值较小。随着输入加速度峰值的增加，SJ5 工况下，自下而上，土体响应先减小后增大；从傅氏谱图看到，土体上部测点和底部测点响应的频谱组成丰富，而且土体上部测点的频谱幅值较大，说明土体对低频和高频具有一定的放大作用。在土体表面也清楚地表现出土体对低频具有一定的放大作用。A8～A14 测点与 A1～A7 测点的加速度响应规律一致。

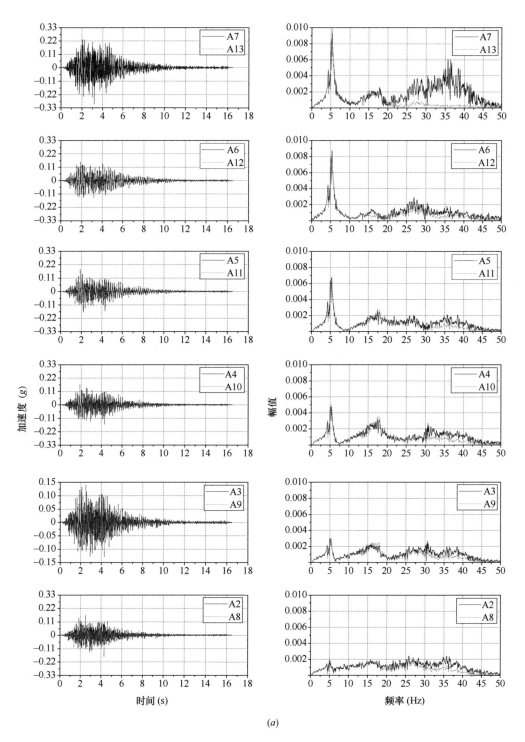

(a)

图 3-6　PS 试验土体测点在不同工况下的加速度响应时程及其傅氏谱（一）

（a）PS 试验 SJ1 工况土体测点的加速度响应时程及其傅氏谱；

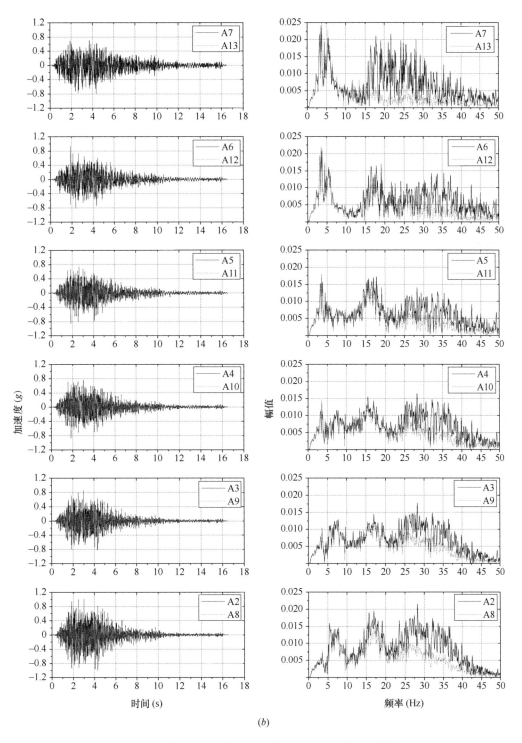

(b)

图 3-6 PS 试验土体测点在不同工况下的加速度响应时程及其傅氏谱（二）

(b) PS 试验 SJ5 工况土体测点的加速度响应时程及其傅氏谱

通过对不同地震动作用下测点的加速度响应分析可以得出：在地震动作用下，相比于基底输入的地震动，土体表面清楚地体现了试验软土对频谱成分的放大作用，尤其是土体基频（5Hz）左右放大最为明显。所以软土地基对频谱幅值的放大作用与输入的地震动频谱以及地震动幅值有关。

3.2.4 桩身应变

为了了解群桩基础中桩的反应特性，振动台试验中对 6 号桩沿着桩身不同高度布置了应变片，以研究相同桩体、桩身不同高度上的点沿 Z 方向的正应变的变化规律。图 3-7 为 PS 试验模型中的桩体编号。

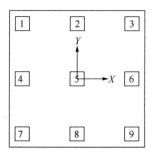

图 3-7　PS 模型中的桩体编号

图 3-8 为上海基岩波、Kobe 波和集集波工况下 PS 试验模型中 6 号桩左右两侧面在桩顶（－0.4m 处）、距桩顶 0.4m、0.8m、1.2m、1.6m 以及 2m（即桩尖处 －2.4m）的应变幅值。通过对同一根桩（6 号桩）左右两侧面的应变幅值进行对比分析，可以看出：

（1）随着 PGA 的增大，无论是桩身内侧还是桩身外侧，桩身应变幅值总体上增大，而且在桩顶幅值最大，在靠近桩尖的位置幅值最小。

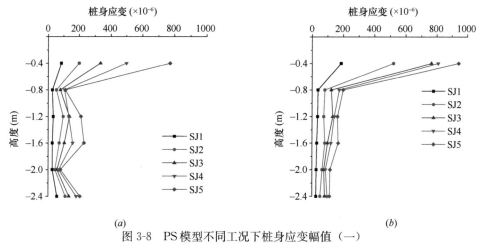

(a)　　　　　　　　　　　　　　　　　　　　*(b)*

图 3-8　PS 模型不同工况下桩身应变幅值（一）

（*a*）上海基岩波工况下桩身内侧应变；（*b*）上海基岩波工况下桩身外侧应变；

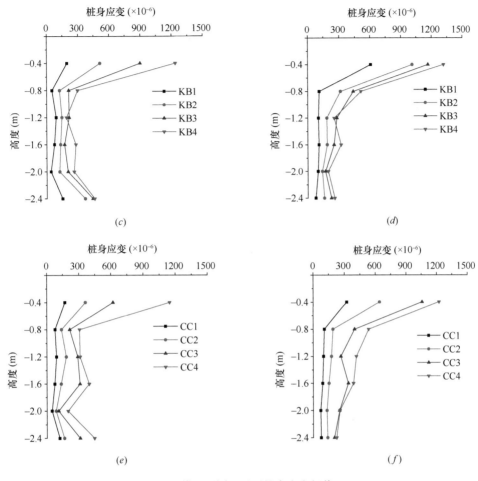

图 3-8 PS 模型不同工况下桩身应变幅值（二）

（c）Kobe 波工况下桩身内侧应变；（d）Kobe 波工况下桩身外侧应变；

（e）集集波工况下桩身内侧应变；（f）集集波工况下桩身外侧应变

（2）在上海基岩波作用下，桩身应变幅值小于 Kobe 波和集集波工况下的幅值。

（3）靠近桩外侧的应变幅值稍大于桩身内侧的应变，这是由于在地震波输入之前，体系在重力的作用下处于平衡状态，桩体存在初始应变，桩顶处桩身左右两侧的应变大致关于某一应变水平相反，而右侧的应变幅值相对较大；从距桩顶 1.2m 到桩尖处（−2.4m），左右两侧的应变变化基本保持同相，左右两侧的应变幅值差异不大。可见，桩体顶部以受弯为主，从中上部至桩尖部分则主要受轴向力。

3.2.5　桩土接触压力

和桩身应变相同，为了了解群桩基础中桩的反应特性，振动台试验中对 4 号桩沿着桩身不同高度布置了土压力计，以研究相同桩体、桩身不同高度上的点沿 Z 方向的桩土接触压力的变化规律。图 3-9 为在不同工况下桩土接触压力幅值随着桩身不同高度

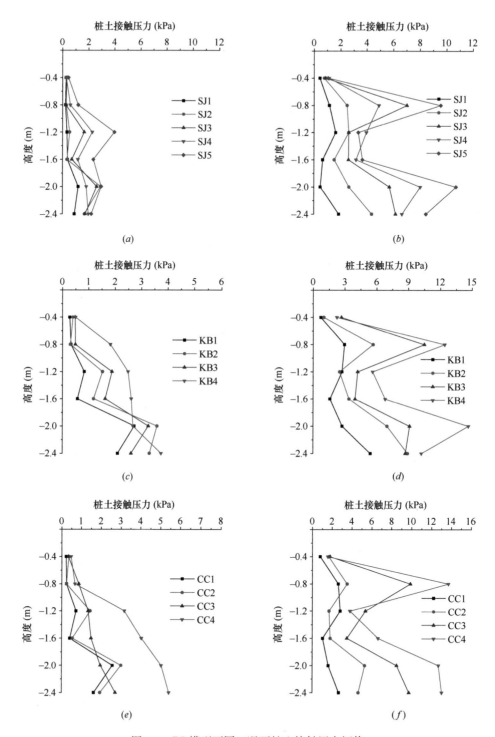

图 3-9　PS 模型不同工况下桩土接触压力幅值

（*a*）上海基岩波工况下桩内侧接触压力；（*b*）上海基岩波工况下桩外侧接触压力；

（*c*）Kobe 波工况下桩内侧接触压力；（*d*）Kobe 波工况下桩外侧接触压力；

（*e*）集集波工况下桩内侧接触压力；（*f*）集集波工况下桩外侧接触压力

处的变化。可以看出，随着 PGA 的增大，大体上桩身不同测点的桩土接触压力幅值也增大；在桩顶处的桩土接触压力幅值较小，在桩尖处的压力幅值较大；桩身外侧的接触压力大于桩身内侧的接触压力。

3.2.6　结构加速度

1. 结构顶层加速度组成

对于考虑 SSI 效应的上部结构，其结构顶层位移由平动、转动和结构变形三部分组成（图 3-10），故有：

$$\ddot{U} = \ddot{U}_g + H\ddot{\theta} + \ddot{U}_e \tag{3-1}$$

式中　$\ddot{U}$ ——结构顶层总加速度反应，是结构顶层中点水平方向的加速度计算结果；

$\ddot{U}_g$ ——结构基础平动加速度反应，为基础中点水平方向的加速度计算结果；

$\ddot{U}_e$ ——结构变形引起的加速度；

$\ddot{\theta} = (\ddot{R}_1 + \ddot{R}_2)/L$，其中 $\ddot{R}_1$、$\ddot{R}_2$ 为基顶点 R_1、R_2 竖向的加速度计算结果。

这样，结构变形引起的部分 $\ddot{U}_e$ 可由上式计算得到。

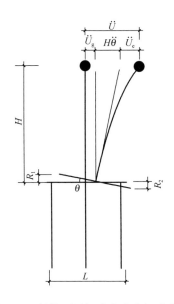

图 3-10　结构顶层加速度响应组成分析

按图 3-10 和式（3-1）对结构顶层加速度响应进行分析，图 3-11(a) 和图 3-11(b) 分别为 PS 试验模型在 SJ1 和 SJ5 工况下，构成结构顶层加速度响应的各部分的时程曲线及其相对应的傅氏谱图。图中自上而下的分量分别表示结构顶层总加速度响应 $\ddot{U}$、由基础转动引起的摆动分量 $H\ddot{\theta}$、平动分量 $\ddot{U}_g$ 和上部框架结构变形分量 $\ddot{U}_e$。

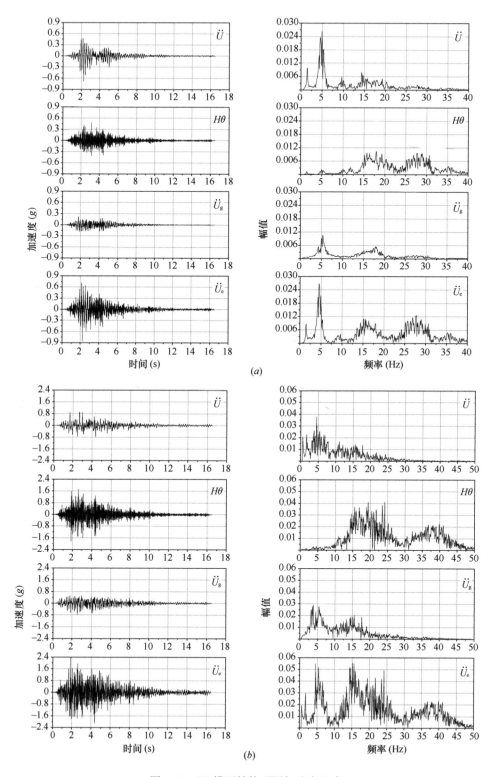

图 3-11　PS 模型结构顶层加速度组成

（a）SJ1 工况顶层加速度组成；（b）SJ5 工况顶层加速度组成

从图 3-11 中可得到如下规律：

（1）结构弹塑性变形加速度分量较大，其次是由基础转动引起的摆动加速度分量和平动加速度分量。这是由于框架结构的刚度相对较小，从而使结构的变形较大所致。

（2）从时程图可以得出，结构加速度组成部分中的平动分量加速度和由基础转动引起的摆动分量加速度与结构弹塑性变形分量加速度不同步，可能同相也可能反相，在时程上体现了相互叠加或相互抵消的现象与规律。

（3）对比图 3-11（a）和图 3-11（b）可见，随着输入加速度峰值的增大，各分量的频谱组成得到增强，幅值变大。其原因是：随着 PGA 的增大，土体不断软化以及非线性发展引起地基基础的转动刚度和平动刚度降低。

2. 结构楼层加速度

图 3-12 为 PS 模型结构楼层加速度峰值曲线，可以看出，在 Kobe 波和集集波作用下，结构的加速度峰值分布随楼层高度的分布特征基本一致，大于相同加速度峰值

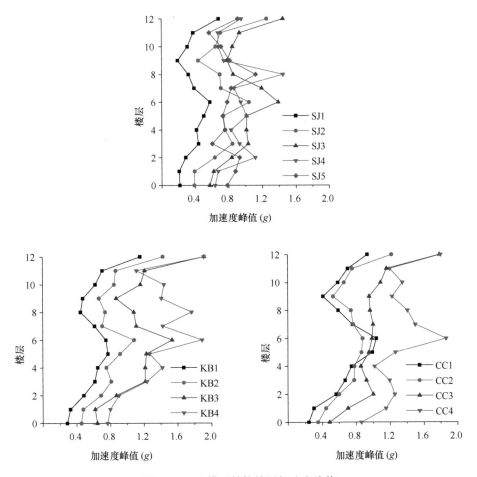

图 3-12　PS 模型结构楼层加速度峰值

时上海基岩波输入下结构的加速度峰值，且顶层的加速度峰值大于地表输入下的峰值。随着加速度峰值的增大，大体上楼层加速度峰值也变大。

3.2.7 结构位移

1. 结构楼层位移

为了便于和刚性地基上框架结构的楼层位移相比较，这里给出了 PS 模型结构本身的弹塑性楼层位移峰值对比图，即总的楼层位移中扣除了平动位移和转动位移，如图 3-13 所示，可以看出，在 Kobe 波和集集波作用下，结构的位移峰值大于相同加速度峰值输入时上海基岩波作用下结构的位移峰值，且结构上部楼层的位移峰值较下部楼层的峰值大；随着 PGA 的增大，结构楼层位移峰值也变大。

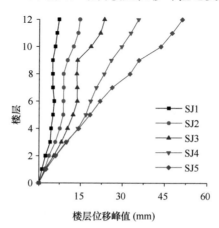

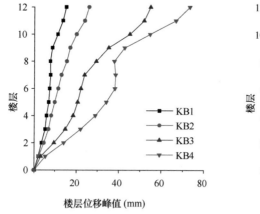
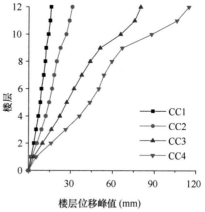

图 3-13　PS模型结构楼层位移峰值

2. 结构层间位移角

层间位移角是结构设计中较为重要的指标，通过层间位移可以得到结构的层间位移角，图 3-14 为不同工况下 PS 模型结构的弹性层间位移角峰值曲线，可以看出，在

Kobe 波和集集波作用下，结构的层间位移角峰值大于相同加速度峰值输入时上海基岩波作用下结构的层间位移角峰值；结构上部楼层的层间位移角峰值较下部楼层的峰值大，在结构的第 9 层和第 10 层达到最大，这与试验现象分析中得出的该楼层是结构损伤较为严重的规律一致，这是由于受到高阶振型的影响；随着 PGA 的增大，结构层间位移角峰值也变大。

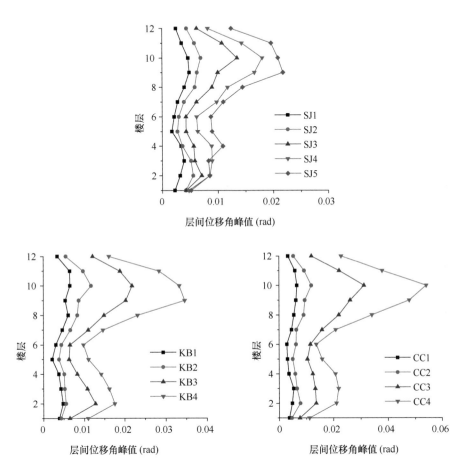

图 3-14　PS 模型结构层间位移角峰值

3.2.8　结构层间剪力

楼层剪力可以一定程度响应输入结构的地震作用的大小，根据试验中测得的楼层加速度对各层的柱底总剪力进行了计算，如图 3-15 所示。可以看出，随着 PGA 的增大，层间剪力峰值也增大；上海基岩波作用下结构的层间剪力峰值小于 Kobe 波和集集波作用下的层间剪力峰值。

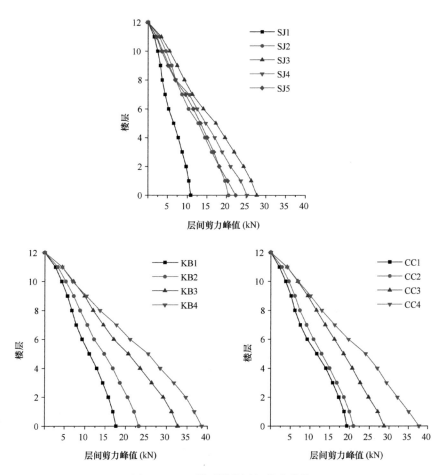

图 3-15　PS模型结构层间剪力峰值

3.3　考虑 SSI 效应设置黏滞阻尼器的框架结构振动台试验

为了研究 SSI 效应对黏滞阻尼器减震性能的影响，对设置非线性黏滞阻尼器的 12 层框架结构进行了振动台试验，即 PV 试验。与 PS 试验的过程类似，PV 模型试验共进行了 25 个工况的振动试验，比 PS 试验多了 6 个工况，加载过程见表 2-11。

3.3.1　试验现象

对于上部结构，试验时在前 10 个工况中上部结构没有发现裂缝。工况 11（KB3）后在柱端的连接板处出现了裂缝，如图 3-16(a) 所示；工况 12（CC3）后，梁柱交接处以及柱子上出现了细微的裂缝，如图 3-16(b) 所示；工况 14（SJ4）和工况 15（KB4）后，柱端与连接板交接处裂缝更加明显，在原来的基础上继续发展，如图 3-16(c) 所示；工况 16（CC4）后，结构的梁柱交接裂缝发展，宽度约 0.2mm，如图 3-16(d) 所示；工况 18～24 后，梁端裂缝、柱端与连接板交接处裂缝发展，混凝土开始出现部分剥落，如图 3-16(e)～图 3-16(h) 所示。

图 3-16　PV 试验上部结构裂缝发展图

(*a*) KB3 工况 1 层柱上裂缝；(*b*) CC3 工况 9 层柱上裂缝；(*c*) KB4 工况 10 层柱上裂缝；

(*d*) CC4 工况 3 层梁端裂缝；(*e*) SJ5 工况 1 层柱上裂缝；(*f*) KB5 工况 1 层梁-柱连接

处裂缝；(*g*) SJ6 工况 1 层柱上裂缝；(*h*) KB6 工况 9 层柱上混凝土剥落

相比 PS 结构，PV 结构的裂缝发展较慢，宽度较细，结构没有发生严重的破坏，裂缝多出现在柱子上连接板附近。

试验结束后，挖出桩体，图 3-17 为 PV 试验桩基裂缝发展图。从图中可以看到，桩顶部的裂缝较密，桩尖裂缝较少或没有裂缝。从试验结束后的桩体形态看，桩顶部已严重破坏，9 根桩中有的桩在桩台连接处断裂，但是这 9 根桩在桩身没有局部断裂；沿桩身分布的水平裂缝也较少。从试验过程的情况看，可以推测桩的断裂裂缝产生于最后的 CC6 工况。与 PS 试验后的 9 根桩相比，PV 试验后的桩基较 PS 试验后的桩基破坏严重，其原因为 PV 试验比 PS 试验多做了 6 个具有较大加速度幅值的工况。

图 3-17　PV 试验桩基裂缝发展图

3.3.2　模型的动力特性

根据白噪声扫频工况下结构顶层的加速度利用模态参数辨识可以得到带黏滞阻尼器的框架结构的频率和阻尼比，见表 3-3，可得到有如下规律：

（1）结构体系的频率稍大于考虑 SSI 效应的纯框架结构的自振频率，这是因为相比 PS 结构，PV 结构中增加了斜支撑，也就是增加了结构的刚度，结构的频率也相应的增大。

（2）随着振动次数的增加，模型的频率缓慢降低，阻尼比增大，这是在于土体和上部结构的非线性发展造成的。

PV 模型的 X 向前二阶振型和土体频率处的振型如图 3-18 所示。从上部结构的振型形状看，PV 模型的 X 向前二阶振型形状基本与刚性地基 RV 模型一致，由于前二阶振型频率与土体频率差距较大，该频率处土体的响应相对较小，此时 SSI 体系的振型主要表现为上部结构的响应，土体对振型的影响很小。从图 3-18(*c*) 土体频率处振型看，此时土体的响应非常明显，振型幅值在土表处几乎达到最大值，说明在土体频率处，SSI 体系的振型受土体影响显著。从上部结构振型形状看，土体频率处主要激发的是上部结构的 1 阶振型。

PV 模型前三阶频率和第一振型阻尼比　　　　　　　表 3-3

序号	工况代号	PV 试验			
		第一振型		第二振型	第三振型
		频率（Hz）	阻尼比（%）	频率（Hz）	频率（Hz）
1	WN1	2.024	5.50	5.566	16.429
2	WN2	1.946	6.62	5.511	15.632
3	WN3	1.755	7.48	5.447	14.948
4	WN4	1.625	8.76	5.300	14.744
5	WN5	1.587	9.67	5.152	14.274
6	WN6	1.530	10.49	5.076	14.223
7	WN7	1.494	9.25	4.902	13.416

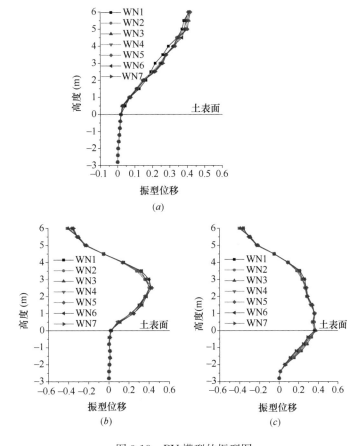

图 3-18　PV 模型的振型图

（a）X 向第一阶振型；（b）X 向第二阶振型；（c）土体频率处振型

3.3.3 土体加速度

绘出不同高度处土体的加速度峰值放大系数，如图 3-19 所示，从图中可以得出：

（1）相对于台面输入的加速度峰值，在小震下土体与上部结构中各点的加速度峰值放大系数大于 1，说明在小震下土体具有放大的效应；而在中震或大震下均小于 1，说明模型土具有一定的减震隔震作用。

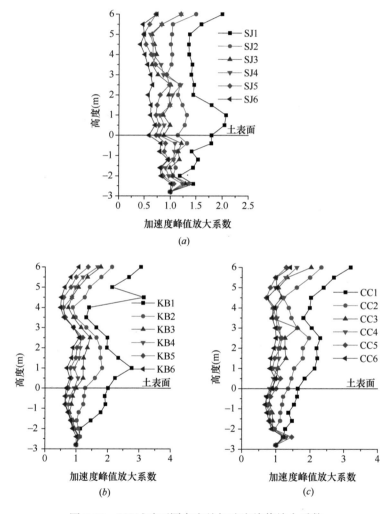

图 3-19　PV 试验不同高度处加速度峰值放大系数

（a）上海基岩波工况；（b）Kobe 波工况；（c）集集波工况

（2）随着 PGA 的增加，下部土体和上部结构的加速度峰值放大系数不断减小。

（3）在相同加速度峰值输入的情况下，在 Kobe 波和集集波输入下加速度峰值放大系数较上海基岩波下的大，这与试验中观察到的现象一致。原因是 Kobe 波和集集波的低频成分丰富，而土体的频率也较低，高频能量在土体中被吸收，低频能量在土体中得以传播。

3.3.4　桩身应变

图 3-20 为上海基岩波、Kobe 波和集集波工况下 PV 试验模型中 6 号桩左右两侧面在桩顶（−0.4m 处）、距桩顶 0.4m、0.8m、1.2m、1.6m 以及 2m（即桩尖处−2.4m）的应变幅值。通过对同一根桩左右两侧面相同高度处的应变幅值进行比较，可以看出：随着 PGA 的增大，无论是桩身内侧还是桩身外侧，桩身应变幅值总体上增大，而且在桩顶幅值最大，在靠近桩尖的位置幅值较小，这与 PS 模型得到的规律相似。在上海基岩波作用下，桩身应变幅值小于 Kobe 波和集集波工况下的幅值。在靠近桩顶的中上部，桩外侧的应变幅值稍大于桩身内侧的应变。

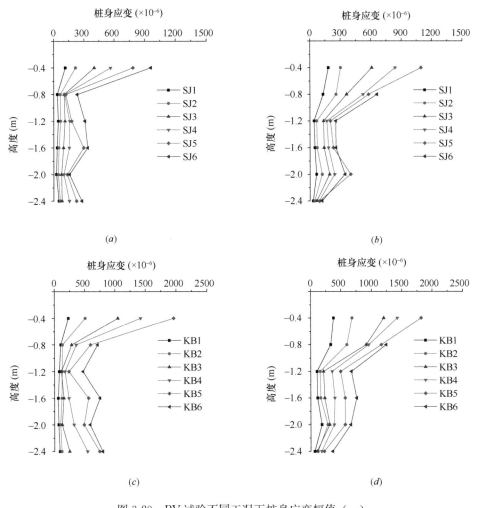

图 3-20　PV 试验不同工况下桩身应变幅值（一）

（a）上海基岩波工况下桩身内侧应变；（b）上海基岩波工况下桩身外侧应变；

（c）Kobe 波工况下桩身内侧应变；（d）Kobe 波工况下桩身外侧应变；

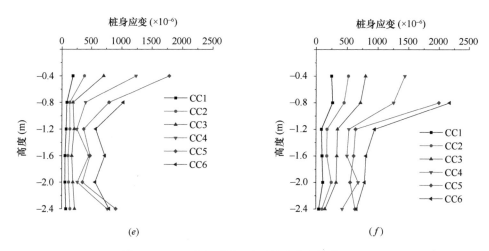

图 3-20　PV 试验不同工况下桩身应变幅值（二）

(*e*) 集集波工况下桩身内侧应变；(*f*) 集集波工况下桩身外侧应变

3.3.5　桩土接触压力

由于在 PV 试验中，桩上的土压力计在土中放置的时间较长而受潮损坏，靠近桩尖的土压力计没有得到有效的数据。图 3-21 为 4 号桩在不同工况下桩土接触压力幅值随着桩身不同高度处的变化，从图中可以看出，随着 PGA 的增大，大体上桩身不同测点的桩土接触压力幅值也增大，在桩尖处的桩土接触压力幅值较大，在桩身的中部桩土接触压力幅值最小；桩身内侧和外侧的桩土接触压力幅值的变化规律存在明显差异，这可能与桩身内侧在桩尖处（标高为 -2.4m）土压力计损坏有关。

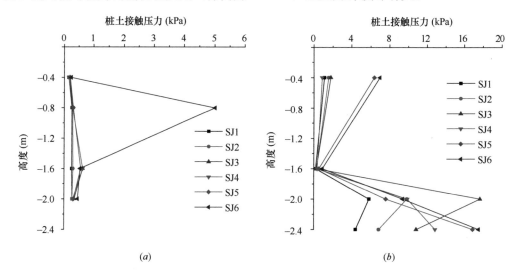

图 3-21　PV 试验不同工况下桩土接触压力幅值（一）

(*a*) 上海基岩波工况下桩内侧接触压力；(*b*) 上海基岩波工况下桩外侧接触压力；

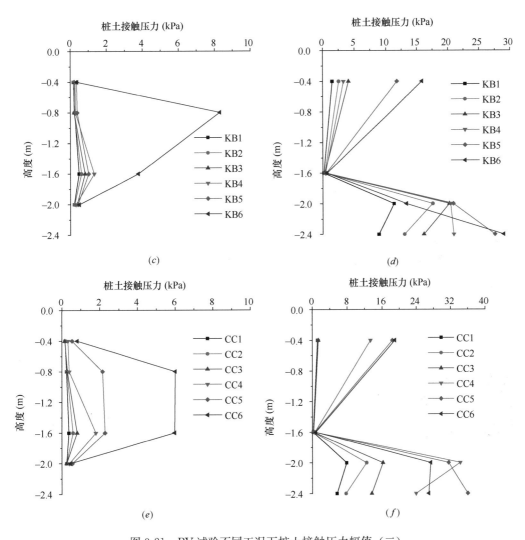

图 3-21　PV 试验不同工况下桩土接触压力幅值（二）

（c）Kobe 波工况下桩内侧接触压力；（d）Kobe 波工况下桩外侧接触压力；

（e）集集波工况下桩内侧接触压力；（f）集集波工况下桩外侧接触压力

3.3.6　结构加速度

图 3-22 为不同地震动输入下 PV 结构楼层加速度峰值曲线。可以看出，在 Kobe 波和集集波作用下，结构的加速度峰值大于上海基岩波作用下结构的加速度峰值，且顶层的加速度峰值大于地表输入的峰值。PGA 越大，结构的楼层加速度峰值越大。

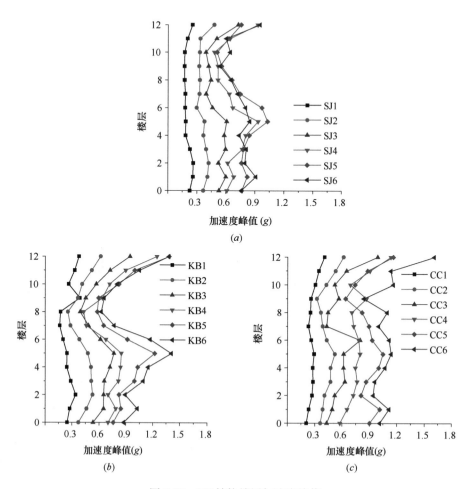

图 3-22　PV 结构楼层加速度峰值

3.3.7　结构位移

1. 结构楼层位移

PV 试验中结构弹性变形分量即弹性楼层位移峰值对比图如图 3-23 所示，可以看出，在 Kobe 波和集集波作用下，结构的位移峰值大于相同加速度峰值输入时上海基岩波作用下结构的位移峰值。随着 PGA 的增大，楼层位移峰值也变大。

2. 结构层间位移角

图 3-24 为不同工况下 PV 结构的弹性层间位移角峰值对比图，可以看出，在 Kobe 波和集集波作用下，结构的层间位移角峰值大于相同加速度峰值输入时上海基岩波作用下结构的层间位移角峰值，集集波作用下层间位移角峰值最大；随着 PGA 的增大，结构层间位移角峰值也变大。相比 PS 模型结构的层间位移角峰值分布，PV 模型的层间位移角峰值分布更加均匀。

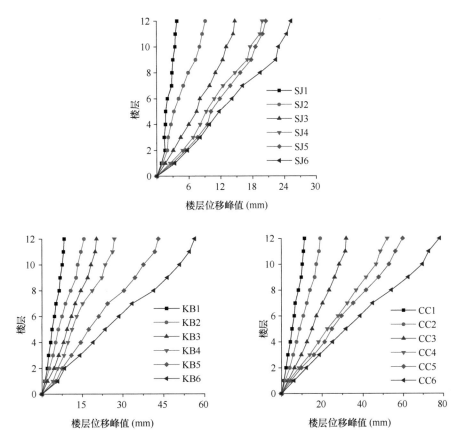

图 3-23　PV 结构楼层位移峰值

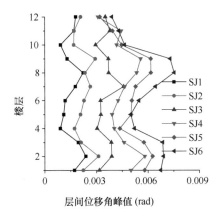

图 3-24　PV 结构层间位移角峰值（一）

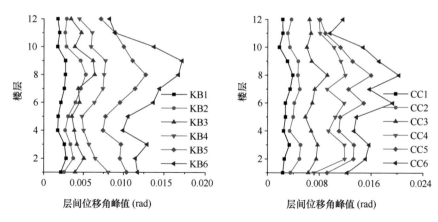

图 3-24　PV 结构层间位移角峰值（二）

3.3.8　结构层间剪力

　　和 PS 试验相似，由每一楼层的加速度峰值可得到 PV 试验中该楼层的剪力，下一楼层的层间剪力为其上部所有楼层的剪力之和，这样就可以得到结构的层间剪力幅值峰值，如图 3-25 所示。可以看出，随着 PGA 的增大，层间剪力峰值也增大，上海基岩波作用下结构的层间剪力峰值小于 Kobe 波和集集波作用下的层间剪力峰值。

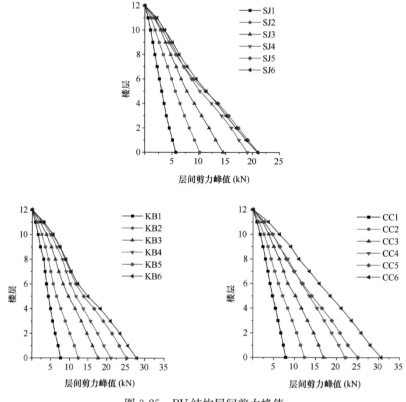

图 3-25　PV 结构层间剪力峰值

3.3.9　阻尼器滞回性能

为了了解考虑 SSI 效应后黏滞阻尼器在不同工况下的性能，在 PV 试验中，在每个黏滞阻尼器的轴杆上布置了相应的应变计，通过黏滞阻尼器的面积和弹性模量，可以求出其在轴向上的出力，即黏滞阻尼器的出力。

从图 3-26 可以看出，黏滞阻尼器在小震下滞回环较小，阻尼器出力较小；在中震

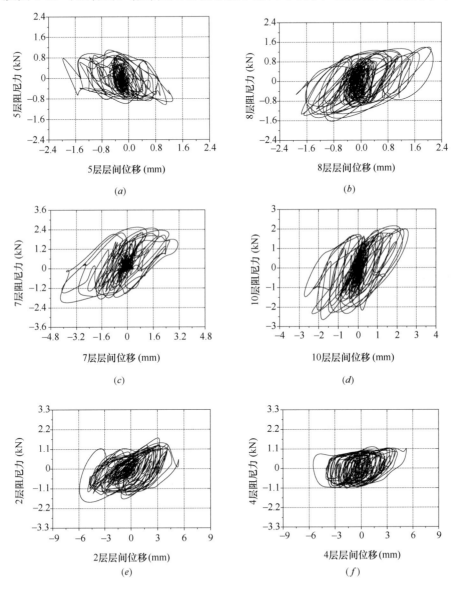

图 3-26　PV 结构黏滞阻尼器阻尼力-层间位移曲线

（a）SJ3 工况下 5 层阻尼器滞回曲线；（b）SJ3 工况下 8 层阻尼器滞回曲线；
（c）SJ6 工况下 7 层阻尼器滞回曲线；（d）SJ6 工况下 10 层阻尼器滞回曲线；
（e）KB5 工况下 2 层阻尼器滞回曲线；（f）KB5 工况下 4 层阻尼器滞回曲线

和大震下阻尼器出力变大，滞回环也变大，说明随着 PGA 的增大，阻尼器耗能越来越充分。

3.4 考虑 SSI 效应设置金属阻尼器的框架结构振动台试验

3.4.1 试验现象

对于上部结构，试验时在前 10 个工况中上部结构没有发现裂缝。工况 11（KB3）后在柱端的连接板处出现了裂缝，如图 3-27（a）所示；工况 12（CC3）后，梁柱交接处以及柱子上出现了细微的裂缝，混凝土轻微剥落，如图 3-27（b）所示；工况 14（SJ4）后，柱端与连接板交接处裂缝更加明显，在原来的基础上继续发展，如图 3-27（c）所示；工况 16（CC4）后，结构的梁柱交接处裂缝发展，宽度约 0.2mm，柱端混凝土出现明显的剥落，如图 3-27（d）所示；工况 18～24 后，梁端裂缝、柱端与连接板交接处裂缝发展，而梁端和柱子上的裂缝微细，发展较慢，如图 3-27（e）～图 3-27（h）所示。

（a）

（b）

（c）

（d）

图 3-27　PM 试验上部结构裂缝发展图（一）

（a）KB3 工况 8 层柱上裂缝；（b）CC3 工况 10 层柱上裂缝；（c）SJ4 工况 7 层柱端与连接板交接处裂缝；（d）CC4 工况 2 层柱上混凝土剥落；

图 3-27　PM 试验上部结构裂缝发展图（二）

（e）SJ5 工况 6 层柱上裂缝；（f）KB5 工况 10 层柱上裂缝；（g）CC6 工况 7 层柱上裂缝；
（h）CC6 工况 10 层柱上裂缝

图 3-28 所示为试验结束后 3 层的软钢阻尼器残余变形与防锈漆脱落图，可以看出 PM 模型中软钢阻尼器的残余变形和防锈漆脱落也不明显。

图 3-28　软钢阻尼器残余变形与防锈漆脱落

（a）残余变形不明显；（b）防锈漆脱落不明显

试验结束后挖出桩体，图 3-29 为 PM 试验桩基裂缝发展图，从图中可以看到，桩顶部的裂缝较密，桩固定端出现明显的开裂和压碎；桩尖裂缝较少或没有裂缝，9 根桩在桩台连接处有的断裂，有的漏筋，而桩身没有呈现局部断裂，这与 PV 试验后桩基的裂缝发展相似。桩固定端损伤表现为 1、2 面（垂直于地震作用方向）混凝土压碎，A、B 面（平行于地震作用方向）出现水平裂缝，为典型的受弯损伤。

图 3-29　PM 试验桩基裂缝发展图
(a) PM-1A-1；(b) PM-2A-1；(c) PM-2A-A；(d) PM-3C-2

3.4.2　模型的动力特性

与纯框架结构类似，消能减震结构考虑了土-结构相互作用后，其基础发生了转动、平移等变形，整个体系的动力特性会发生变化，频率的降低就是特性变化的直观体现。根据白噪声扫频工况下结构顶层加速度可以得到带金属阻尼器的框架结构的频率和第一阵型阻尼比，见表 3-4，可以得出如下规律：

（1）带软钢阻尼器的结构体系的频率大于 SSI 效应的纯框架结构的自振频率，也大于带黏滞阻尼器结构体的频率，这是因为相比 PS 结构，PM 结构中增加了软钢阻尼器和斜支撑，软钢阻尼器较大程度地提高了原结构的刚度，所以结构的频率也相应的增大。

（2）随着振次的增加，模型的频率缓慢降低，阻尼比增大，说明 PM 模型的刚度损失较小，也意味着其损伤较小。

		PM 试验			
序号	工况代号	第一振型		第二振型	第三振型
		频率（Hz）	阻尼比（％）	频率（Hz）	频率（Hz）
1	WN1	2.18	3.9	9.25	16.11
2	WN2	2.10	4.1	9.03	15.75
3	WN3	1.96	4.7	8.52	15.15
4	WN4	1.88	5.1	8.20	14.84
5	WN5	1.79	5.9	7.81	14.37
6	WN6	1.77	6.0	7.58	13.95
7	WN7	1.70	5.8	7.31	13.17

PM 模型前三阶频率和第一振型阻尼比　　　　表 3-4

　　PM 模型的 X 向前二阶振型和土体频率处的振型如图 3-30 所示。从上部结构的振型形状看，PM 模型的 X 向前二阶振型形状基本与刚性地基 RM 模型一致，由于前二阶振型频率与土体频率差距较大，该频率处土体的响应相对较小，此时 SSI 体系的振型主要表现为上部结构的响应，土体对振型的影响很小。从振型的变化看，PM 模型的 X 向前二阶振型变化也与刚性地基模型类似，各级加载后的振型变化不大，振型曲线几乎重叠。从图 3-30（c）土体频率处振型看，此时土体的响应非常明显，振型幅值在土表处几乎达到最大值，说明在土体频率处，SSI 体系的振型受土体影响显著，其振型幅值分布明显有别于刚性地基结构。从上部结构振型形状看，土体频率处主要激发的是上部结构的 1 阶振型。

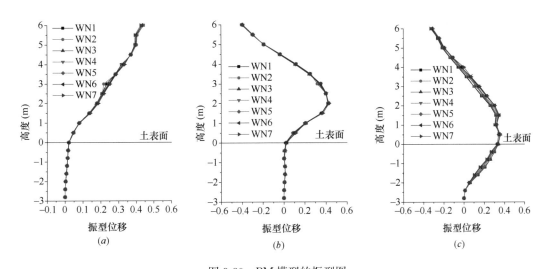

图 3-30　PM 模型的振型图

（a）X 向第一阶振型；（b）X 向第二阶振型；（c）土体频率处振型

3.4.3 土体加速度

绘出不同高度处土体的加速度峰值放大系数与测点高度的关系曲线，如图 3-31 所示。从图中可以得出：

（1）相对于台面输入的加速度峰值，各点的加速度峰值放大系数在小震下大于 1，说明模型土在小震下具有放大的效应；而在中震或大震下均小于 1，说明模型土起到减震隔震作用。

（2）随着 PGA 的增加，下部土体和上部结构的加速度峰值放大系数不断减小。

（3）在相同加速度峰值输入的情况下，集集波输入下结构的加速度峰值放大系数较大，在上海基岩波下的较小，这与试验中观察到的现象一致。原因是 Kobe 波和集集波的低频成分丰富，而土体的频率也较低，高频能量在土体中被吸收，低频能量在土体中得以传播。

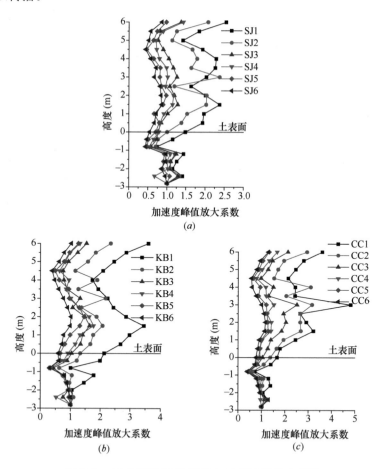

图 3-31　PM 试验不同高度处加速度峰值放大系数

（a）上海基岩波工况；（b）Kobe 波工况 ；（c）集集波工况

3.4.4　桩身应变

图 3-32 为上海基岩波、Kobe 波和集集波工况下 PM 试验模型中 6 号桩左右两侧面在桩顶（－0.4m 处）、距桩顶 0.4m、0.8m、1.2m、1.6m 以及 2m（即桩尖处 －2.4m）的应变幅值。可以看出，随着 PGA 的增大，桩身应变幅值总体上增大，而且在桩顶处的幅值最大，在靠近桩尖的位置幅值较小。在上海基岩波作用下，桩身应变幅值小于 Kobe 波和集集波工况下的幅值。在桩顶的中上部，对于同一工况，靠近桩外侧的应变幅值明显大于桩身内侧的应变幅值。

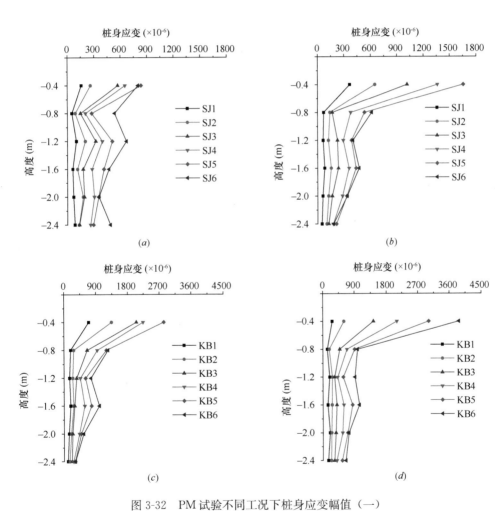

图 3-32　PM 试验不同工况下桩身应变幅值（一）

（a）上海基岩波工况下桩身内侧应变；（b）上海基岩波工况下桩身外侧应变；

（c）Kobe 波工况下桩身内侧应变；（d）Kobe 波工况下桩身外侧应变；

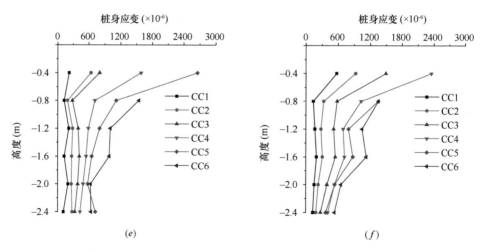

图 3-32　PM 试验不同工况下桩身应变幅值（二）

（e）集集波工况下桩身内侧应变；（f）集集波工况下桩身外侧应变

3.4.5　桩土接触压力

图 3-33 为 PM 模型中 4 号桩在不同工况下桩土接触压力幅值，从图中可以看出，随着 PGA 的增大，大体上桩身不同测点的桩土接触压力幅值也增大，在桩尖处的桩土接触压力幅值较大，在桩顶处的桩土接触压力幅值最小；桩身内侧和外侧的接触压力幅值的变化规律较为相同。

3.4.6　结构加速度

图 3-34 中为 PM 结构楼层加速度峰值曲线。可以看出，在 Kobe 波和集集波作用下，结构的加速度峰值大于上海基岩波作用下结构的加速度峰值，且顶层的加速度峰值大于地表输入的峰值。随着 PGA 的增大，结构的楼层加速度峰值也变大。

3.4.7　结构位移

1.　结构楼层位移

和前面一样，PM 试验中结构楼层位移峰值对比图如图 3-35 所示，可以看出，在 Kobe 波和集集波作用下，结构楼层位移峰值大于相同加速度峰值输入时上海基岩波作用下结构楼层位移峰值，而集集波作用下结构楼层位移峰值最大。结构上部楼层的位移峰值较下部楼层的峰值大。

2.　结构层间位移角

图 3-36 为不同工况下 PM 结构的层间位移角峰值对比图，可以看出，在 Kobe 波和集集波作用下，结构的层间位移角峰值大于相同加速度峰值输入时上海基岩波作用下结构的层间位移角峰值，且结构上部楼层的层间位移角峰值较下部楼层的峰值大；

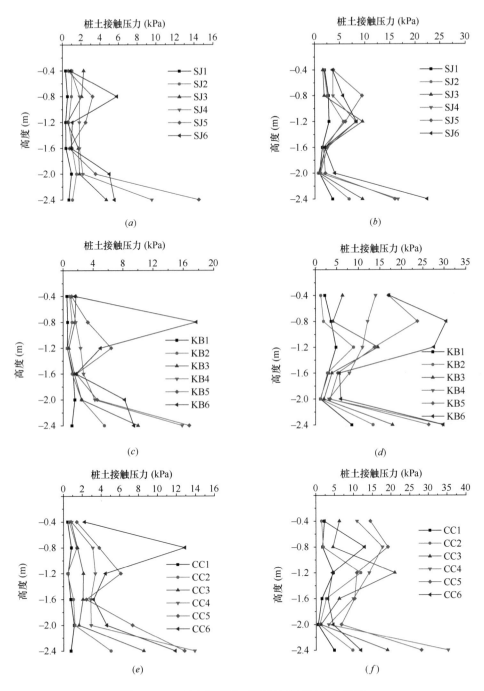

图 3-33　PM 试验不同工况下桩土接触压力幅值

（a）上海基岩波工况下桩内侧接触压力；（b）上海基岩波工况下桩外侧接触压力；

（c）Kobe 波工况下桩内侧接触压力；（d）Kobe 波工况下桩外侧接触压力；

（e）集集波工况下桩内侧接触压力；（f）集集波工况下桩外侧接触压力

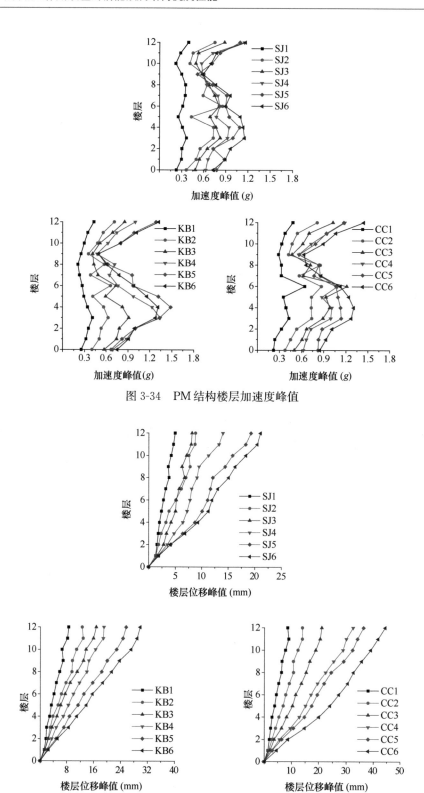

图 3-34　PM 结构楼层加速度峰值

图 3-35　PM 结构楼层位移峰值

随着 PGA 的增大，结构层间位移角峰值也变大。

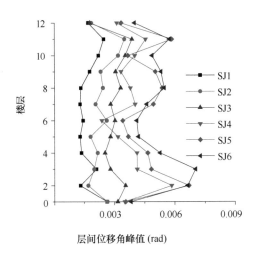

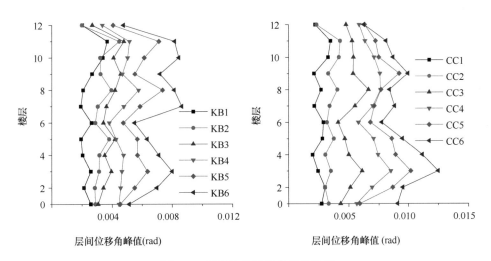

图 3-36　PM 结构层间位移角峰值

3.4.8　结构层间剪力

　　和前面试验相似，由每一楼层的加速度幅值可得到 PM 试验中该楼层的剪力峰值，如图 3-37 所示。可以看出，随着 PGA 的增大，层间剪力峰值也增大；集集波作用下结构的层间剪力峰值较大。

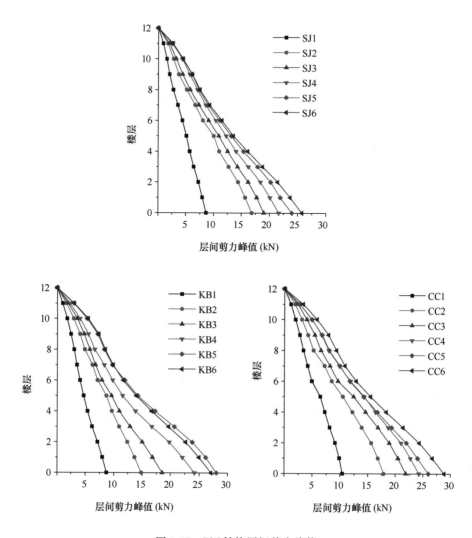

图 3-37　PM 结构层间剪力峰值

3.4.9　阻尼器滞回性能

为了了解考虑 SSI 效应后软钢阻尼器在不同工况下的性能，PM 试验中在每个等边双角钢的支撑上布置了应变计，用来测量支撑的应变。这样通过支撑的面积和弹性模量，可以求出支撑上的力，再投影到轴向上的出力，即可计算出软钢阻尼器的出力。

由上部结构楼层的位移数据可以求出结构的层间位移，即金属阻尼器的相对位移，再结合阻尼器的出力可以绘出软钢阻尼器在不同工况下的滞回曲线，如图 3-38 所示。在数据处理时对应变计测得的数据进行了高频段（40Hz 以上）的滤波处理。

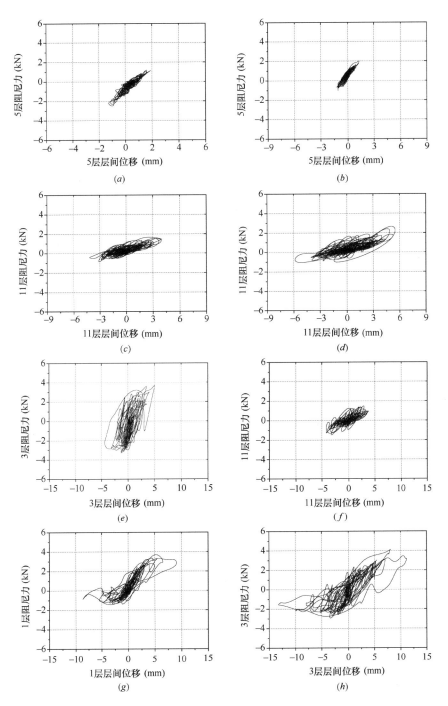

图 3-38 PM 结构金属阻尼器滞回曲线

（a）SJ3 工况下 5 层阻尼器滞回曲线；（b）KB1 工况下 5 层阻尼器滞回曲线；（c）KB3 工况下 11 层阻尼器滞回曲线；（d）KB5 工况下 11 层阻尼器滞回曲线；（e）CC3 工况下 3 层阻尼器滞回曲线；（f）CC3 工况下 11 层阻尼器滞回曲线；（g）CC5 工况下 1 层阻尼器滞回曲线；

（h）CC5 工况下 3 层阻尼器滞回曲线

从图 3-38 中可以看出，在小震工况下，金属阻尼器均未屈服，力-位移曲线基本上为直线；到中震工况时，个别楼层的阻尼器进入屈服，滞回曲线逐渐饱满；到大震作用工况下，阻尼器屈服，滞回曲线比较饱满，耗能较为充分，但是个别楼层阻尼器轻微屈服，发挥的耗能作用有限。

3.5 刚性地基上纯框架结构振动台试验

在进行刚性地基地震动输入时，选择与其对应的 PS、PV、PM 试验中实测得到的自由场处加速度（A14 测点）的响应作为刚性地基的输入。因为 A14 测点的加速度时程已经是每一个不同加速度幅值下自由场处的响应，所以在刚性地基输入时不做调幅处理。RS、RV、RM 模型试验共进行了 25 个工况的振动试验，加载过程见表 2-10。试验时的模型如图 3-39 所示，从左到右依次为 RM 模型、RS 模型和 RV 模型。

图 3-39　RS、RV、RM 试验模型

3.5.1 试验现象

对于 RS 模型上部结构，试验时在前 10 个工况中上部结构没有发现裂缝。工况 11（KB3）后在梁-柱连接处出现了裂缝，如图 3-40（a）所示；工况 12（CC3）后，梁柱连接处以及柱子上出现了细微的裂缝，混凝土轻微剥落，如图 3-40（b）所示；工况 14（SJ4）和工况 15（KB4）后，梁柱连接处裂缝更加明显，在原来的基础上继续发展，如图 3-40（c）、图 3-40（d）所示；工况 16（CC4）后，结构的梁柱连接裂缝发展，宽度约 0.2mm，混凝土出现明显的剥落，如图 3-40（e）所示；工况 18~24 后，梁端裂缝、梁柱连接接处裂缝继续发展，如图 3-40（f）～图 3-40（h）所示。可以看出，对于 RS 模型，试验的主要现象是结构损伤，根据损伤的位置和成因主要分为梁端受弯裂缝和柱端受弯裂缝及压碎。RS 模型梁端裂缝分布，上部（9、10、11层）裂缝最大、下部（3、4层）次之，其他层裂缝较小；框架柱端损伤分布，上部（9、10、11层）最严重，中部（6、7、8层）次之，其他层损伤较少。

图 3-40　RS 试验结构裂缝发展图

（a）KB3 工况 8 层梁-柱连接处裂缝；（b）CC3 工况 3 层梁-柱连接处裂缝；

（c）SJ4 工况 9 层梁-柱连接处裂缝；（d）KB4 工况 10 层梁端裂缝；

（e）CC4 工况 8 层梁-柱连接处裂缝；（f）SJ5 工况 10 层梁-柱连接处裂缝；

（g）CC5 工况厂房柱上裂缝；（h）CC6 工况厂房梁上裂缝

3.5.2 模型的动力特性

根据白噪声扫频工况下结构顶层的加速度利用模态参数辨识可以得到 RS 框架结构的频率和阻尼比,见表 3-5,可以得出如下的规律:

(1)第一级加载后,RS 模型的频率出现了显著的下降,由 2.00Hz 降至 1.44Hz。频率下降主要由结构的刚度降低引起,而结构的刚度降低可以一定程度响应结构的受损程度。1 级加载后 RS 模型频率下降大,说明其结构损伤较大。同时,RS 模型的阻尼比由 3.5% 上升到了 6.4%。模型混凝土损伤开裂后,裂缝面的错动和碰撞都起到了一定的耗能作用,增加了结构的阻尼,从而阻尼比上升。

(2)第二级加载后,RS 模型频率进一步降低,由 1.44Hz 降至 1.13Hz,但降低幅度较第 1 级加载小;同时,由于 RS 模型损伤的发展,其阻尼比进一步上升至 9.5%。随着振次的增加,模型的频率降低,阻尼比增大,这是由于上部结构非线性发展导致的。

RS 模型前三阶频率和第一振型阻尼比　　　　　　　　　　表 3-5

序号	工况代号	RS 试验			
		第一振型		第二振型	第三振型
		频率（Hz）	阻尼比（%）	频率（Hz）	频率（Hz）
1	WN1	2.00	3.5	6.69	12.5
2	WN2	1.44	6.4	4.50	9.13
3	WN3	1.13	9.5	3.13	7.31
4	WN4	0.88	11.2	2.50	5.75
5	WN5	0.75	14.4	2.06	5.13
6	WN6	0.63	15.7	1.88	4.38
7	WN7	0.63	16.2	1.81	4.06

RS 模型的 X 向前三阶振型如图 3-41 所示。该振型形状是典型的高层建筑结构的单方向前三阶平动振型。从振型变化看,随着试验逐级加载,结构损伤不断地累积,RS 模型的中上部楼层的响应在相对加强,而中下部楼层的响应在相对减弱。

3.5.3 结构加速度

图 3-42 为 RS 试验结构楼层加速度峰值曲线。可以看出,在 Kobe 波和集集波作用下,结构的加速度峰值大于上海基岩波作用下结构的加速度峰值,且顶层的加速度峰值大于地表输入的峰值。随着 PGA 的增大,结构的楼层加速度峰值也变大。

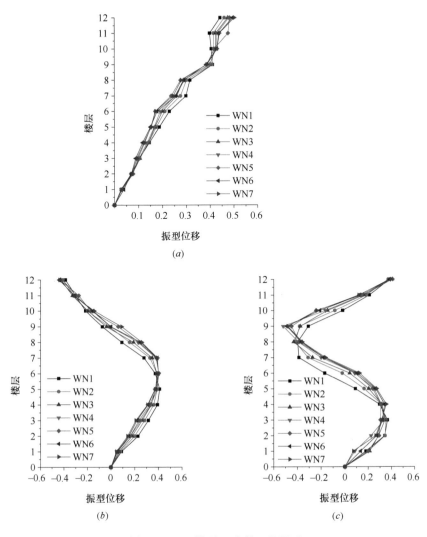

图 3-41　RS 模型 X 向前三阶振型

（a）X 向第一阶振型；（b）X 向第二阶振型；（c）X 向第三阶振型

3.5.4　结构位移

1. 结构楼层位移

RS 试验中结构相对于振动台台面的楼层位移峰值对比图如图 3-43 所示，可以看出，在 Kobe 波和集集波作用下，结构的位移峰值大于相同加速度峰值输入时上海基岩波作用下结构的位移峰值，而集集波作用下结构的楼层位移峰值最大。结构上部楼层的位移峰值较下部楼层的峰值大；随着 PGA 的增大，结构楼层位移峰值也变大。

2. 结构层间位移角

图 3-44 为不同工况下 RS 结构的层间位移角峰值沿楼层的分布，可以看出，在 Kobe 波和集集波作用下，结构的层间位移角峰值大于相同加速度峰值输入时上海基

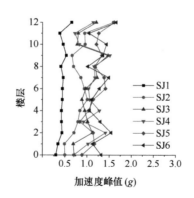

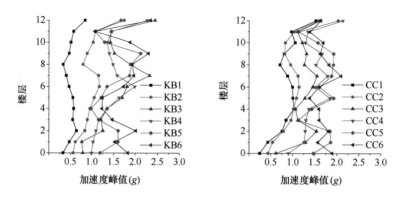

图 3-42　RS 结构楼层加速度峰值

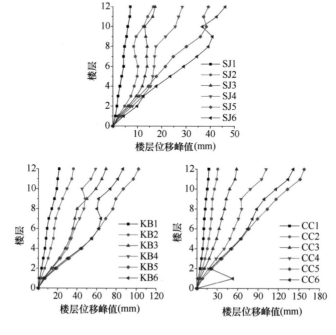

图 3-43　RS 结构楼层位移峰值

岩波作用下结构的层间位移角峰值，集集波作用下层间位移角峰值最大；随着 PGA 的增大，结构层间位移角峰值也变大，而且结构上部楼层的层间位移角峰值较大。

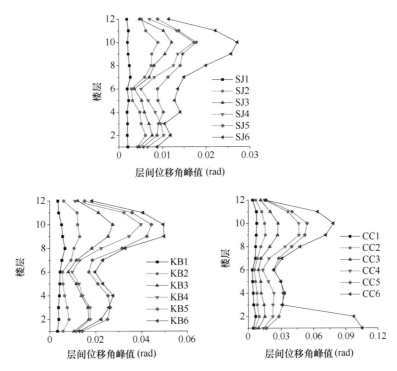

图 3-44　RS 结构层间位移角峰值

3.5.5　结构层间剪力

按照和前面试验一样的方法，得到 RS 结构的层间剪力峰值，如图 3-45 所示。可以看出，随着 PGA 的增大，层间剪力峰值也增大；上海基岩波作用下结构的层间剪力峰值较小。在小震集集波作用下结构层间剪力峰值较大。

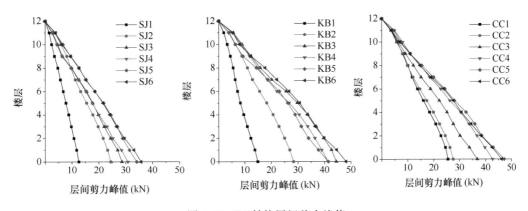

图 3-45　RS 结构层间剪力峰值

3.6 刚性地基上设置黏滞阻尼器的框架结构振动台试验

3.6.1 试验现象

对于 RV 模型上部结构，试验时在前 9 个工况中上部结构没有发现裂缝。工况 10 （SJ3）后在柱端的连接板处出现了裂缝，如图 3-46（a）所示；工况 11（KB3）后，梁柱交接处以及柱子上出现了细微的裂缝，混凝土轻微剥落，如图 3-46（b）所示；

(a)　　　　　　　　　(b)

(c)　　　　　　　　　(d)

(e)　　　　　　　　　(f)

图 3-46　RV 试验结构裂缝发展图

（a）SJ3 工况 2 层柱上裂缝；（b）KB3 工况 7 层柱上裂缝；（c）SJ4 工况 3 层梁-柱连接处裂缝；

（d）KB4 工况 2 层柱上裂缝；（e）CC4 工况 7 层柱上裂缝；（f）SJ5 工况 3 层梁-柱连接处裂缝

工况14（SJ4）和工况15（KB4）后，柱端与连接板交接处裂缝更加明显，在原来的基础上继续发展，如图3-46（c）、图3-46（d）所示；工况16（CC4）后，结构的梁柱交接裂缝发展，宽度约0.2mm，混凝土出现明显的剥落，如图3-46（e）所示；工况18～24后，梁端裂缝、柱端与连接板交接处裂缝发展，而梁端和柱子上的裂缝微细，发展较慢，如图3-46（f）所示。相比PS结构，PV结构的裂缝发展较慢，宽度较细，结构没有发生严重的破坏。

3.6.2 模型的动力特性

根据白噪声扫频工况下结构顶层的加速度利用模态参数辨识可以得到RV框架结构的频率和第一振型阻尼比，见表3-6，分析其结果可见：

（1）在第一次白噪声扫频时，结构的第一阶频率为2.688Hz，大于相应的考虑SSI效应的带黏滞阻尼器框架结构（PV）的第一阶频率2.024Hz，也大于刚性地基上纯框架结构（RS）的第一阶频率2.00Hz，这是因为RV试验中，增加了连接阻尼器的钢斜撑，即增加了结构的刚度使得结构的频率增大。

（2）随着振次的增加，模型的第1阶频率在前三次白噪声扫频时保持不变，而在第四次白噪声扫频工况降低了27.27%，阻尼比增大，这说明结构在前三次振动中保持弹性，损伤较少，这与试验中观察到结构的裂缝情况相符。

RV模型前三阶频率和第一振型阻尼比　　　　　　　　　　表3-6

序号	工况代号	RV试验			
		第一振型		第二振型	第三振型
		频率（Hz）	阻尼比（%）	频率（Hz）	频率（Hz）
1	WN1	2.688	5.25	9.438	20.224
2	WN2	2.506	7.20	8.785	18.632
3	WN3	2.313	8.60	8.525	15.806
4	WN4	2.063	9.15	7.664	15.052
5	WN5	2.045	9.60	7.383	14.301
6	WN6	1.875	10.10	6.686	13.785
7	WN7	1.805	10.20	6.375	12.865

根据试验测得的楼层加速度对结构的振型进行了识别。RV模型的X向前三阶振型如图3-47所示。从图3-47中振型变化看，由于安装了黏滞阻尼器，随着试验逐级加载，结构损伤比较轻微，损伤发展缓慢，从而各级加载后的振型变化不大，这与纯框架模型形成了鲜明对比。

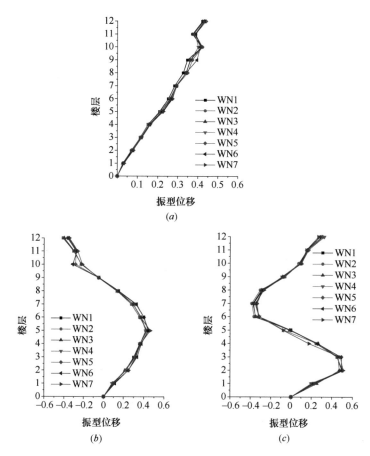

图 3-47　RV 模型 X 向前三阶振型

（a）X 向第一阶振型；（b）X 向第二阶振型；（c）X 向第三阶振型

3.6.3　结构加速度

图 3-48 为 RV 结构楼层加速度峰值曲线。可以看出，在 Kobe 波和集集波作用下，结构的加速度峰值大于上海基岩波作用下结构的加速度峰值，且顶层的加速度峰值大于地表输入的峰值。随着 PGA 的增大，结构的楼层加速度峰值也变大。

3.6.4　结构位移

1. 结构楼层位移

RV 试验中相对于振动台台面的楼层位移峰值对比图如图 3-49 所示，可以看出，在 Kobe 波和集集波作用下，结构的位移峰值大于相同加速度峰值输入时上海基岩波作用下结构的位移峰值，而集集波作用下结构的楼层位移峰值最大。随着 PGA 的增大，结构楼层位移峰值也变大。

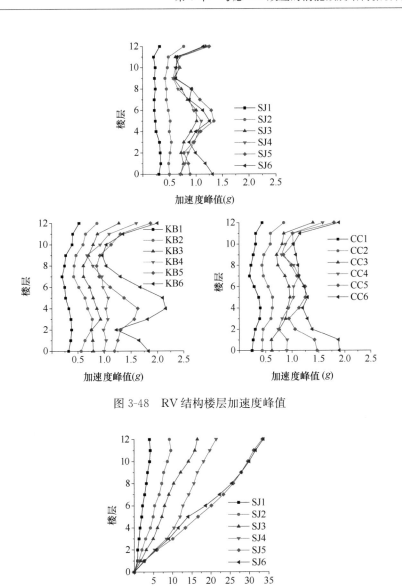

图 3-48 RV 结构楼层加速度峰值

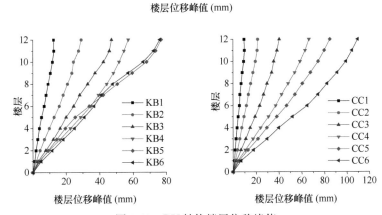

图 3-49 RV 结构楼层位移峰值

2.结构层间位移角

图 3-50 为不同工况下 RV 结构层间位移角峰值对比图，可以看出，在 Kobe 波和集集波作用下，结构的层间位移角峰值大于相同加速度峰值输入时上海基岩波作用下结构的层间位移角峰值，集集波作用下层间位移角峰值最大；随着 PGA 的增大，结构层间位移角峰值也变大，而且结构上部楼层的层间位移角峰值较大。

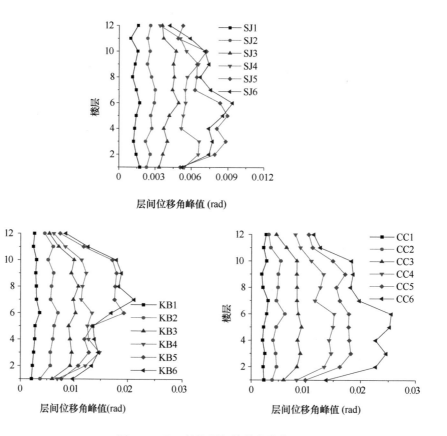

图 3-50　RV 结构层间位移角峰值

3.6.5　结构层间剪力

RV 结构的层间剪力峰值如图 3-51 所示。可以看出，随着 PGA 的增大，层间剪力峰值也增大；上海基岩波作用下结构的层间剪力峰值小于 Kobe 波和集集波作用下的层间剪力峰值。

3.6.6　阻尼器滞回性能

黏滞阻尼器在不同工况下的滞回曲线如图 3-52 所示。在数据处理时对应变计测得的数据进行了高频段（40Hz 以上）的滤波处理。

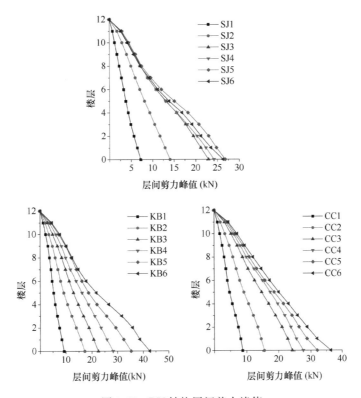

图 3-51　RV 结构层间剪力峰值

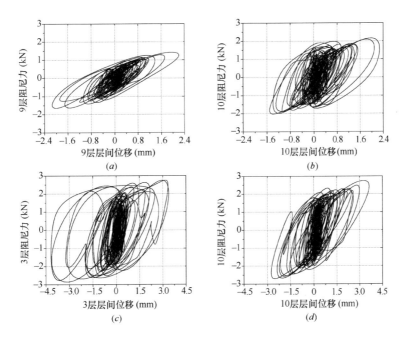

图 3-52　RV 结构黏滞阻尼器滞回曲线（一）

（a）SJ3 工况下 9 层阻尼器滞回曲线；（b）SJ3 工况下 10 层阻尼器滞回曲线；

（c）SJ5 工况下 3 层阻尼器滞回曲线；（d）SJ5 工况下 10 层阻尼器滞回曲线；

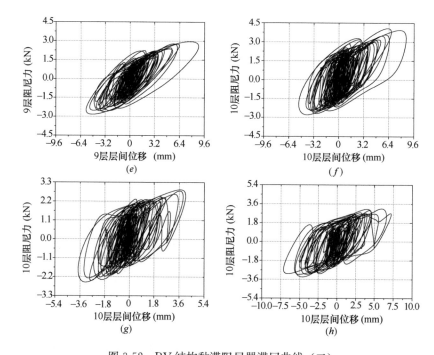

图 3-52 RV 结构黏滞阻尼器滞回曲线（二）

（e）KB5 工况下 9 层阻尼器滞回曲线；（f）KB5 工况下 10 层阻尼器滞回曲线；

（g）CC3 工况下 10 层阻尼器滞回曲线；（h）CC5 工况下 10 层阻尼器滞回曲线

从图 3-52 可以看出，黏滞阻尼器在小震下滞回环较小，阻尼器相对位移和阻尼器出力较小；在中震和大震下阻尼器出力变大，滞回环逐渐饱满，说明随着 PGA 的增大，阻尼器耗能越来越充分。相比 PV 模型试验中黏滞阻尼器的滞回性能，在刚性地基下非线性阻尼器的滞回环更为饱满，耗能更加充分，说明 SSI 效应一定程度上降低了黏滞阻尼器的耗能能力。

3.7 刚性地基上设置金属阻尼器的框架结构振动台试验

3.7.1 试验现象

对于 RM 模型，试验的主要现象是结构损伤和软钢阻尼器的塑性变形。结构损伤主要表现为梁端受弯开裂，由于消能减震结构柱脚有支撑钢构件，其柱端地震损伤不方便观察，同时也不明显。对于上部结构，试验时在前 9 个工况中上部结构没有发现裂缝。工况 10（SJ3）后在柱端的连接板处出现了裂缝，如图 3-53（a）所示；工况 12（CC3）后，梁柱交接处以及柱子上出现了细微的裂缝，混凝土轻微剥落，如图 3-53（b）所示；工况 15（KB4）后，梁端裂缝发展，如图 3-53（c）所示；工况 16（CC4）后，结构的梁柱交接裂缝发展，宽度约 0.2mm，混凝土出现明显的剥落，如

图 3-53 (d) 所示；工况 18～24 后，梁端裂缝、柱端与连接板交接处裂缝发展，而梁端和柱子上的裂缝微细，发展较慢，如图 3-53 (e)、图 3-53 (f) 所示。

图 3-53　RM 试验结构裂缝发展图

(a) SJ3 工况 2 层柱上裂缝 ；(b) CC3 工况 7 层梁-柱连接处裂缝；(c) KB4 工况 4 层梁端裂缝；
(d) CC4 工况 6 层柱上裂缝；(e) SJ5 工况 2 层梁-柱连接处裂缝；(f) CC5 工况 7 层柱上裂缝

RM 模型软钢阻尼器的试验现象主要表现为残余变形和防锈涂层脱落，如图 3-54 所示为 3 层的软钢阻尼器残余变形与防锈漆脱落图。根据防锈漆脱落程度判断软钢阻尼器变形大小，下部楼层（2、3、4 层）的阻尼器变形较大，中部楼层（5、6、7 层）的阻尼器变形较小，其他楼层的阻尼器变形更小。

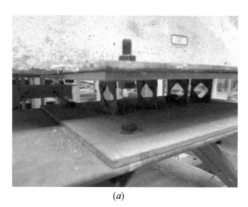 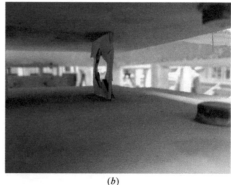

(a) (b)

图 3-54　软钢阻尼器残余变形与防锈漆脱落

(a) 残余变形 ；(b) 防锈漆脱落

3.7.2　模型的动力特性

　　根据白噪声扫频工况下结构顶层的加速度可以得到 RM 框架结构的频率和第一振型阻尼比见表 3-7，从表中可以看出：（1）在第一次白噪声扫频时，结构的第一阶频率为 2.87Hz，大于相应的考虑 SSI 效应的带黏滞阻尼器框架结构的第一阶频率 2.18Hz，也大于刚性地基上纯框架结构的第一阶频率 2.00Hz，这是因为 RM 试验增加了金属阻尼器和连接阻尼器的钢斜撑，即较大程度增加了结构的刚度，使得结构的频率增大；（2）随着振次的增加，模型的频率缓慢降低，阻尼比增大。在第二次白噪声扫频工况结构的第一阶频率降低了 8.71%，在第七次扫频工况结构的第一阶频率降低了 29.26%，说明了 RM 结构损伤缓慢。

RM 模型前三阶频率和第一振型阻尼比　　　　　　　　　　表 3-7

序号	工况代号	RM 试验			
		第一振型		第二振型	第三振型
		频率（Hz）	阻尼比（%）	频率（Hz）	频率（Hz）
1	WN1	2.87	2.0	9.21	17.62
2	WN2	2.62	2.9	8.55	16.63
3	WN3	2.46	3.4	8.08	15.80
4	WN4	2.33	3.2	7.67	15.05
5	WN5	2.19	4.3	7.25	14.30
6	WN6	2.11	4.1	7.00	13.78
7	WN7	2.03	4.0	6.79	13.36

　　根据试验测得的楼层加速度对结构的振型进行了识别。RM 模型的 X 向前三阶振型如图 3-55 所示。该振型形状是典型的高层建筑结构的单方向前三阶平动振型。从振

型变化看，由于安装了软钢阻尼器，随着试验逐级加载，结构损伤比较轻微，损伤发展也比较慢，从而各级加载后的振型变化不大，振型曲线几乎重叠，这与纯框架模型形成鲜明对比。

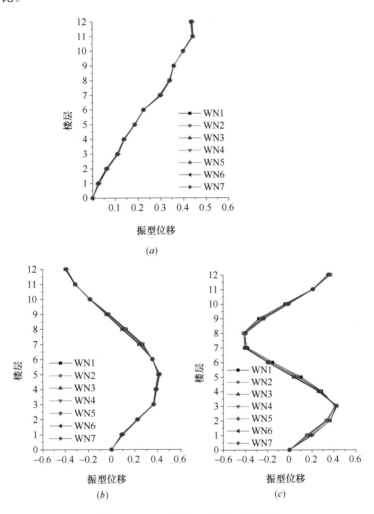

图 3-55　RM 模型 X 向前三阶振型

(*a*) X 向第一阶振型；(*b*) X 向第二阶振型；(*c*) X 向第三阶振型

3.7.3　结构加速度

图 3-56 为 RM 结构楼层加速度峰值曲线。可以看出，在 Kobe 波和集集波作用下，结构的加速度峰值大于上海基岩波作用下结构的加速度峰值，且顶层的加速度峰值大于地表输入的峰值。随着 PGA 的增大，结构的楼层加速度峰值也变大。

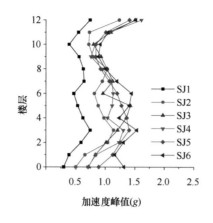

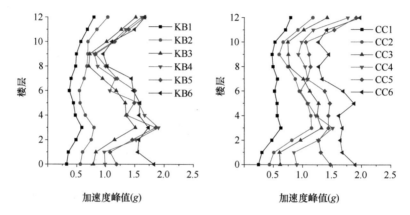

图 3-56　RM 结构楼层加速度峰值

3.7.4　结构位移

1. 结构楼层位移

RM 试验中相对于振动台台面的楼层位移峰值对比图如图 3-57 所示，可以看出，在 Kobe 波和集集波作用下，结构的位移峰值大于相同加速度峰值输入时上海基岩波作用下结构的位移峰值，而集集波作用下结构的楼层位移峰值最大。结构上部楼层的位移峰值较下部楼层的峰值大；随着 PGA 的增大，结构楼层位移峰值也变大。

2. 结构层间位移角

图 3-58 为不同工况下 RM 结构的层间位移角峰值对比图，可以看出，在 Kobe 波和集集波作用下，结构的层间位移角峰值大于相同加速度峰值输入时上海基岩波作用下结构的层间位移角峰值，集集波作用下层间位移角峰值最大；随着 PGA 的增大，结构层间位移角峰值也变大；在 CC6 工况下结构第 8 层和第 9 层的层间位移角突然增大较多，这可能是因为在此楼层出现了薄弱层，结构损伤较为严重。

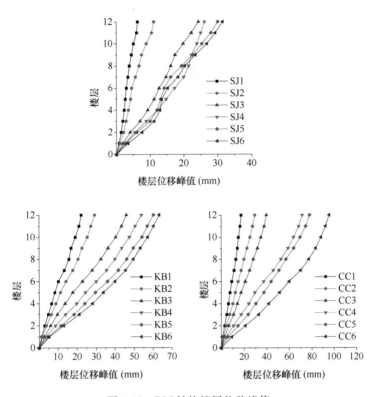

图 3-57　RM 结构楼层位移峰值

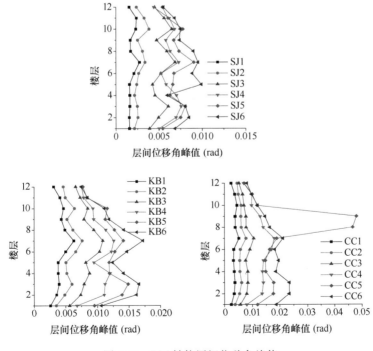

图 3-58　RM 结构层间位移角峰值

3.7.5　结构层间剪力

按照和前面试验一样的方法，得到 RM 结构的层间剪力峰值，如图 3-59 所示。可以看出，随着 PGA 的增大，层间剪力峰值也增大；上海基岩波作用下结构的层间剪力峰值较小，在集集波作用下结构层间剪力峰值较大。

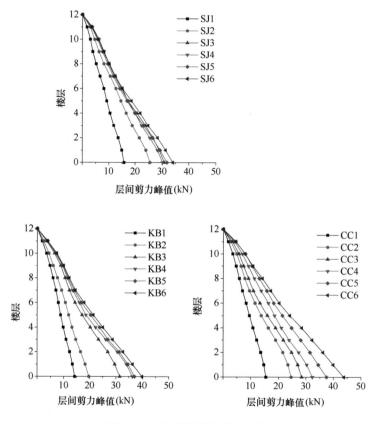

图 3-59　RM 结构层间剪力峰值

3.7.6　阻尼器滞回性能

软钢阻尼器在不同工况下的滞回曲线如图 3-60 所示。因为应变计在试验过程中受到实验室噪声的影响以及本身灵敏度的限制，在数据处理时对应变计测得的数据进行了高频段（40Hz 以上）的滤波处理。从图中可以看出，在小震工况下，阻尼器均未屈服，力-位移曲线基本上为直线；到中震工况时，个别楼层的阻尼器进入屈服，滞回曲线逐渐饱满；到大震作用工况下，阻尼器深度屈服，滞回曲线比较饱满，耗能较为充分，但是个别楼层阻尼器轻微屈服，发挥的耗能作用有限。

相比 PM 结构中金属阻尼器的滞回曲线可以看出，金属阻尼器在刚性地基下的耗能更加充分，滞回环更为饱满，说明 SSI 效应一定程度上降低了软钢阻尼器的减震性能。

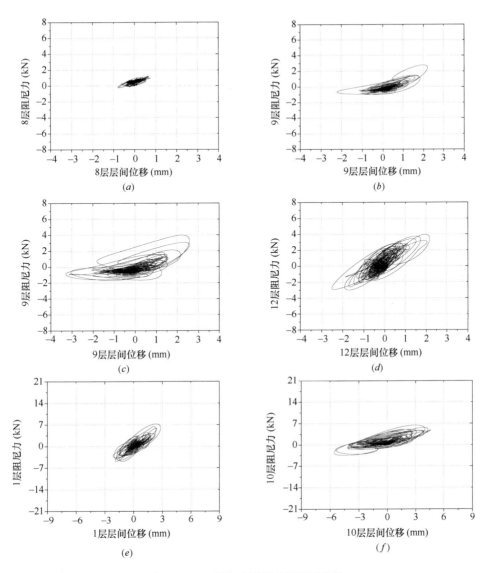

图 3-60　RM 结构金属阻尼器滞回曲线

（a）SJ1 工况下 8 层阻尼器滞回曲线；（b）SJ3 工况下 9 层阻尼器滞回曲线；

（c）SJ5 工况下 9 层阻尼器滞回曲线；（d）SJ5 工况下 12 层阻尼器滞回曲线；

（e）CC3 工况下 1 层阻尼器滞回曲线；（f）CC5 工况下 10 层阻尼器滞回曲线

第 4 章 考虑 SSI 效应的消能减震结构振动台试验结果对比分析

4.1 引言

本章通过几个专题对振动台模型试验结果进行进一步分析，加深对软土地基上结构-地基动力相互作用对黏滞阻尼器和金属阻尼器性能影响的认识，分为了以下几个部分：考虑 SSI 效应的三个结构反应对比（PS、PV、PM）；刚性地基上的三个结构反应的对比（RS、RV、RM）；考虑 SSI 效应和刚性地基上框架结构的反应对比（PS、RS）；考虑 SSI 效应和刚性地基上带黏滞阻尼器的框架结构的反应对比（PV、RV）；考虑 SSI 效应和刚性地基上带金属阻尼器的框架结构的反应对比（PM、RM）。

4.2 考虑 SSI 效应时框架结构振动台试验结果分析

4.2.1 试验现象

PS 模型的试验现象主要为结构损伤，分为梁端受弯裂缝和柱端受弯裂缝及压碎。PS 模型梁端裂缝分布，上部（9、10、11 层）裂缝最大、下部（3、4 层）次之，其他层裂缝较小；框架柱端损伤分布，上部（9、10、11 层）最严重，中部（8 层）次之，其他层损伤较少。PV 和 PM 模型的上部结构没有明显的梁端裂缝，裂缝相比 PS 结构裂缝出现得晚，裂缝数量少、细微，且发展缓慢。黏滞阻尼器变形不明显，软钢阻尼器的残余变形和防锈漆脱落也不明显。

4.2.2 模型的动力特性

在第 3 章试验数据分析时，已阐述了各结构-地基动力相互作用对体系动力特性的改变，这里更加直观地对考虑 SSI 效应时三个框架结构体系的动力特性进行比较。表 4-1 为 PS、PV、PM 试验各阶段模型的第一阶频率和阻尼比。

从表 4-1 可以看出：

（1）随试验振动次数的增加和 PGA 增大，模型的频率下降，阻尼比增大。对于 SSI 体系，体系动力特性随着振次而变化是由于土体软化、桩基裂缝发展和上部框架结构裂缝发展三个因素的共同结果。

考虑 SSI 效应时模型的第一阶频率和阻尼比　　　　表 4-1

序号	工况代号	PS 试验		PV 试验		PM 试验	
		频率(Hz)	阻尼比(%)	频率(Hz)	阻尼比(%)	频率(Hz)	阻尼比(%)
1	WN1	1.50	4.3	2.02	5.50	2.18	3.9
2	WN2	1.38	4.9	1.95	6.62	2.10	4.1
3	WN3	1.25	4.8	1.76	7.48	1.96	4.7
4	WN4	0.81	7.1	1.63	8.76	1.88	5.1
5	WN5	0.56	11.6	1.59	9.67	1.79	5.9
6	WN6	0.56	11.6	1.53	10.49	1.77	6.0
7	WN7	—	—	1.49	9.25	1.70	5.8

（2）设置黏滞阻尼器和金属阻尼器后，结构的频率增加，这是因为消能减震结构中增加了钢支撑，增加了结构的刚度，而金属阻尼器也增加了结构的刚度，导致了结构频率的增大。而且随着振次的增加，PS 模型的频率下降幅度较消能减震结构的大，说明了纯框架结构刚度损失较 PV 和 PM 模型大，也意味着其损伤较大。所以这与观察到的消能减震结构裂缝发展较慢、裂缝较细相一致。

（3）设置黏滞阻尼器的 PV 结构频率较 PM 结构的小，而且阻尼比较大，这是因为黏滞阻尼器主要给结构提供附加阻尼，刚度相比 PM 结构增加得较小，所以频率较小而阻尼比较大。

4.2.3　桩-土-结构相互作用

1. 加速度峰值放大系数

按照上一章中对加速度峰值放大系数取法一样，由 A8～A14 测点以及上部结构 A26～A38 测点的加速度峰值相对容器底板上测点 A22（或者振动台台面）的加速度输入的放大系数，绘出 PS、PV 和 PM 试验中不同高度处土体的加速度峰值放大系数与测点高度的关系曲线，如图 4-1 所示。从图中可以看到：

（1）在上海基岩波作用下，三个模型的土体加速度峰值放大系数在小震下相差不大，而随着加速度峰值的增加，放大系数相差较大，PS 模型中放大系数较小；而对于上部结构，PS 模型的放大系数较 PV 和 PM 的大，这也说明了黏滞阻尼器和金属阻尼器起到了减震作用，但是在 SJ5 工况时三种结构的加速度峰值放大系数相差不大。

（2）在 Kobe 波和集集波作用下，三个模型的土体加速度峰值放大系数相差不大；而对于上部结构，PS 模型的加速度峰值放大系数较 PV 和 PM 的大，这说明了阻尼器在 Kobe 波和集集波作用下有效减小了结构的加速度。

（3）在 Kobe 波和集集波作用下，加速度峰值放大系数较上海基岩波作用下的系数大，这主要与输入地震动的特性有关。

（4）总体而言，PM 模型的加速度峰值放大系数大于 PV 模型的加速度峰值放大系数，这是因为金属阻尼器增加了结构的刚度，在相同地震动作用下，结构的加速度变大；而黏滞阻尼器主要增加结构的阻尼，通过阻尼来耗能。

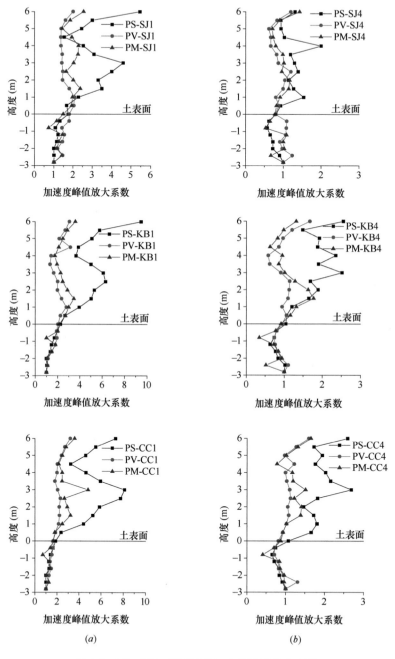

图 4-1　PS、PV、PM 试验加速度峰值放大系数

(a) SJ1、KB1、CC1 工况下 PS、PV、PM 加速度峰值放大系数；

(b) SJ4、KB4、CC4 工况下 PS、PV、PM 加速度峰值放大系数

2. 桩上应变

图 4-2 为上海基岩波、Kobe 波和集集波部分工况下 PS、PV 和 PM 试验模型中 6 号桩左右两侧面在桩顶（－0.4m 处）、距桩顶 0.4m、0.8m、1.2m、1.6m 以及 2m（即桩尖处－2.4m）的应变幅值。

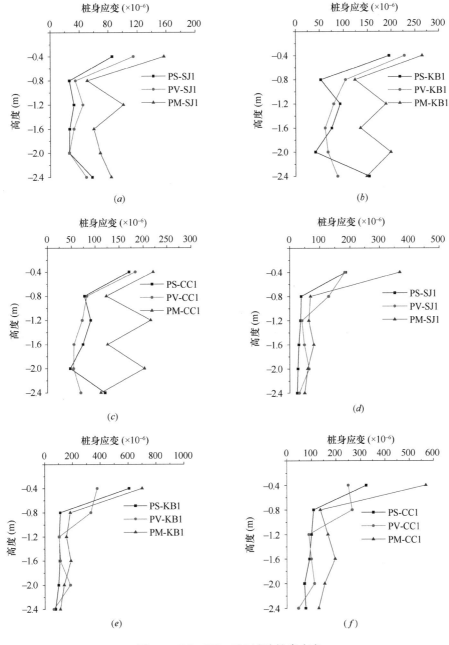

图 4-2　PS、PV、PM 试验桩身应变

(a) SJ1 工况桩身内侧应变；(b) KB1 工况桩身内侧应变；(c) CC1 工况桩身内侧应变；

(d) SJ1 工况桩身外侧应变；(e) KB1 工况桩身外侧应变；(f) CC1 工况桩身外侧应变

通过对同一根桩左右两侧面相同高度处的应变幅值进行比较，可以看出：

（1）随着 PGA 的增大，无论是桩身内侧还是桩身外侧，桩身应变幅值总体上增大，而且在桩顶幅值最大，在靠近桩尖的位置幅值最小；（2）在上海基岩波作用下，桩身应变幅值小于 Kobe 波和集集波工况下的幅值；（3）靠近桩外侧的应变幅值大于桩身内侧的应变；（4）三个模型中，PM 的桩身应变最大，PS 和 PV 模型中的桩身应变较小，这可能与桩-基础-结构相互体系的整体刚度有关，金属阻尼器增加了整体的刚度，其桩上的应变也相应的增大。

3. 桩土接触压力

图 4-3 为 PS、PV 和 PM 试验中 4 号桩在不同工况下桩土接触压力幅值随着桩身不同高度处的变化，从图中看出，随着 PGA 的增大，大体上桩身不同测点的桩土接触压力幅值也增大；在桩顶处的桩土接触压力幅值较小，在桩尖处的桩土接触压力幅值较大；桩身内侧和外侧的桩土接触压力幅值的变化规律也不同；在桩身内侧，PV 模型的接触压力幅值相比 PS 和 PM 的小。

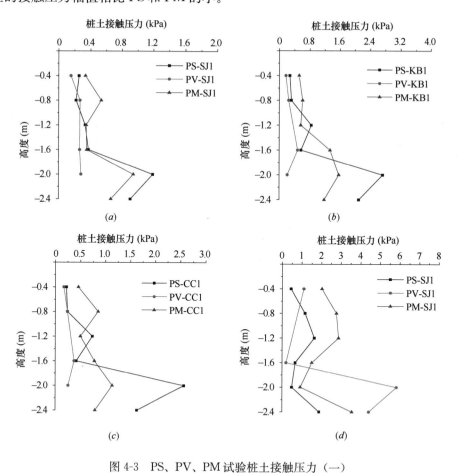

图 4-3　PS、PV、PM 试验桩土接触压力（一）

（a）SJ1 工况桩身内侧压力；（b）KB1 工况桩身内侧压力；（c）CC1 工况桩身内侧压力；
（d）SJ1 工况桩身外侧压力

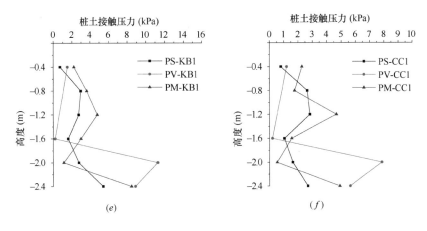

图 4-3　PS、PV、PM 试验桩土接触压力（二）

(*e*) KB1 工况桩身外侧压力；(*f*) CC1 工况桩身外侧压力

4.2.4　结构动力响应

1. 结构加速度

图 4-4 为 SSI 体系的 PS、PV、PM 3 个试验模型的框架结构加速度峰值对比。从图中可见，除了个别工况以及某些楼层，PV 和 PM 结构的楼层加速度峰值小于 PS 结构的加速度峰值，说明黏滞阻尼器和金属阻尼器均发挥了较好的减震效果；黏滞阻尼器对于结构加速度响应的减震效果大体上优于金属阻尼器。

2. 楼层位移

图 4-5 为桩-土-结构相互作用体系的 3 个试验的框架结构弹性楼层位移峰值对比。从图中可以看出，PV 和 PM 结构的弹性楼层位移峰值小于 PS 结构的弹性楼层位移峰值，说明黏滞阻尼器和金属阻尼器均发挥了较好的减震效果；而且随着 PGA 的增大，金属阻尼器的减震效果优于黏滞阻尼器的效果。

3. 层间位移角

图 4-6 为桩-土-结构相互作用体系的 3 个试验的框架结构弹性层间位移角峰值对比。从图中可以看出，PV 和 PM 结构的层间位移角峰值小于 PS 结构的层间位移角峰值，说明黏滞阻尼器和金属阻尼器均发挥了良好的减震效果；而且随着 PGA 的增大，阻尼器的减震效果更好，而且金属阻尼器发挥的效果优于黏滞阻尼器的效果；纯框架结构底部和上部楼层的层间位移角较大，这可能是由于高阶振型影响的原因。

4. 层间剪力

图 4-7 为桩-土-结构相互作用体系的 3 个试验的框架结构最大层间剪力峰值对比。从图可见，PV 和 PM 结构的最大层间剪力峰值小于 PS 结构的最大层间剪力峰值，黏滞阻尼器和金属阻尼器均发挥了较好的减震效果；而且总体上而言，在减小结构的层间剪力峰值上黏滞阻尼器的减震效果优于金属阻尼器的效果，不同的地震激励减震效果也不大相同，说明阻尼器的减震效果与输入的地震动特性相关。

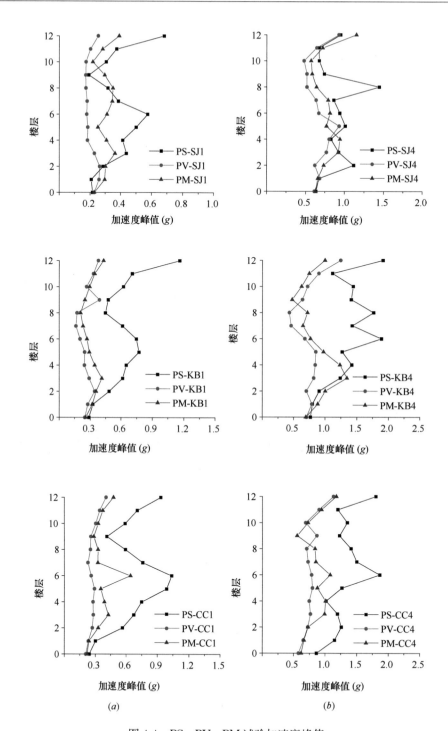

图 4-4　PS、PV、PM 试验加速度峰值

(a) SJ1、KB1、CC1 工况下 PS、PV、PM 加速度峰值；

(b) SJ4、KB4、CC4 工况下 PS、PV、PM 加速度峰值

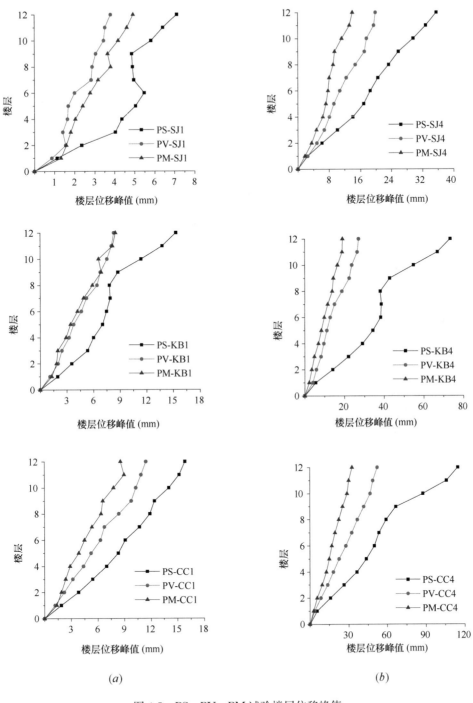

(a)　　　　　　　　　　　(b)

图 4-5　PS、PV、PM 试验楼层位移峰值

（a）SJ1、KB1、CC1 工况下 PS、PV、PM 楼层位移峰值；

（b）SJ4、KB4、CC4 工况下 PS、PV、PM 楼层位移峰值

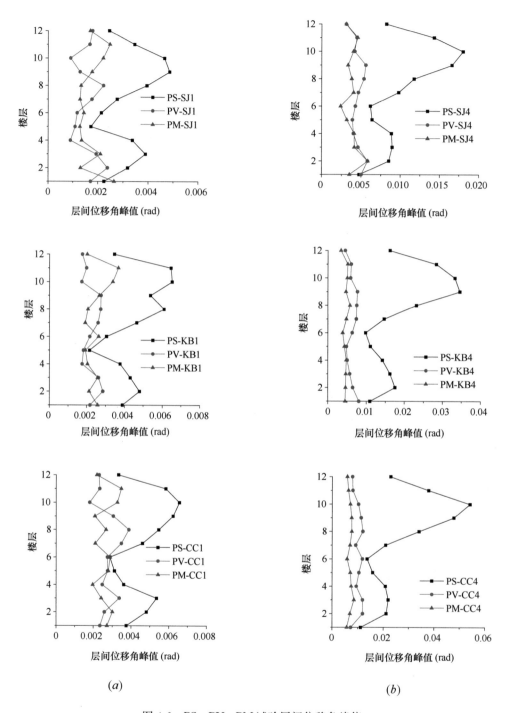

(a)

(b)

图 4-6 PS、PV、PM 试验层间位移角峰值

(a) SJ1、KB1、CC1 工况下 PS、PV、PM 层间位移角峰值;

(b) SJ4、KB4、CC4 工况下 PS、PV、PM 层间位移角峰值

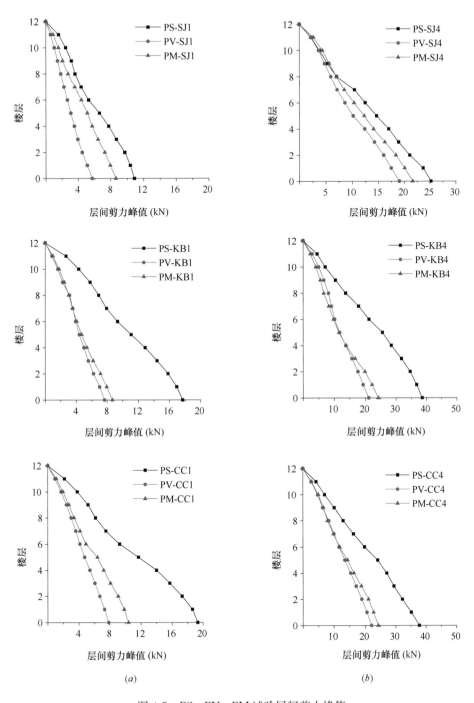

图 4-7　PS、PV、PM 试验层间剪力峰值

(a) SJ1、KB1、CC1 工况下 PS、PV、PM 层间剪力峰值；

(b) SJ4、KB4、CC4 工况下 PS、PV、PM 层间剪力峰值

4.3 刚性地基下框架结构振动台试验结果分析

4.3.1 试验现象

对于 RS 模型，试验的主要现象是结构损伤，根据损伤的位置和成因主要分为梁端受弯裂缝和柱端受弯裂缝及压碎两类。在地震作用下，最大弯矩分布于梁端，首先导致梁顶、梁底和两侧角部开裂，出现垂直于梁轴向的细小裂缝；随着地震动峰值的加大和损伤的累积，梁侧角部裂缝逐渐向中性面发展直到贯通，同时裂缝宽度也逐渐增加。柱端受弯损伤主要分布于各层柱端垂直于地震动加载的方向，这是柱受弯时应变最大的位置。随着地震动峰值加大和损伤的累积，裂缝贯通，缝宽较大，形成塑性铰。试验结束时，模型已成为不稳定的机动结构。

对于 RV 和 RM 模型，结构损伤主要表现为梁端受弯开裂，与地震动加载方向平行；柱端地震损伤不明显。首先梁顶、梁底和两侧角部开裂，出现垂直于梁轴向的细小裂缝；随着地震动峰值的加大和损伤的累积，梁侧角部裂缝逐渐向中性面发展直到贯通，同时裂缝宽度也逐渐增加，最终梁端近似铰接。RM 试验中软钢阻尼器出现了塑性变形。相比 RS 结构，RV 和 RM 结构的裂缝发展较慢，宽度较小，说明阻尼器和连接件有效地保护了主体结构。

4.3.2 模型的动力特性

表 4-2 为 RS、RV、RM 试验各阶段模型的第一阶频率和阻尼比，可以得出以下规律：

(1) 随试验振动次数的增加和 PGA 的增大，模型的频率下降，阻尼比增大；而且纯框架结构 RV 频率下降的较快，阻尼比增加，说明结构损伤较为严重。而对于消能减震结构 RV 和 RM，结构的频率和阻尼比变化得较慢。

(2) 和考虑 SSI 效应时三种结构频率和阻尼比的规律一致，消能减震结构的频率较纯框架结构的较大，因为金属阻尼器本身增加了整体结构的刚度，RM 试验模型又设置钢支撑，所以 RM 结构的频率最大；而黏滞阻尼器附加结构阻尼而耗能，所以 RV 结构的阻尼比最大（结构损伤之前）。

刚性地基下模型的第一阶频率和阻尼比　　　　　　　　　　表 4-2

序号	工况代号	RS 试验		RV 试验		RM 试验	
		频率(Hz)	阻尼比(%)	频率(Hz)	阻尼比(%)	频率(Hz)	阻尼比(%)
1	WN1	2.00	3.5	2.69	5.25	2.87	2.0
2	WN2	1.44	6.4	2.51	7.20	2.62	2.9

序号	工况代号	RS 试验		RV 试验		RM 试验	
		频率(Hz)	阻尼比(%)	频率(Hz)	阻尼比(%)	频率(Hz)	阻尼比(%)
3	WN3	1.13	9.5	2.31	8.60	2.46	3.4
4	WN4	0.88	11.2	2.06	9.15	2.33	3.2
5	WN5	0.75	14.4	2.05	9.60	2.19	4.3
6	WN6	0.63	15.7	1.88	10.10	2.11	4.1
7	WN7	0.63	16.2	1.81	10.20	2.03	4.0

4.3.3　结构动力响应

1. 结构加速度

图 4-8 为刚性地基上 RS、RV、RM 的 3 个试验的框架结构加速度峰值在 SJ1、KB1、CC1 工况和 SJ5、KB5、CC5 工况下的对比图。

从图 4-8 可见，在 SJ1 工况下，RM 试验的结构加速度峰值比 RS 模型的加速度峰值大，说明金属阻尼器增大了结构的加速度峰值，这是因为在小震下，金属阻尼器处于弹性阶段，主要提供附加刚度；而随着 PGA 的增大，金属阻尼器耗能增强，加速度的减震效果也较好；无论是上海基岩波还是 Kobe 波和集集波作用下，RV 模型的加速度峰值总体上小于 RS 模型的加速度峰值，说明了黏滞阻尼器从小震开始就发挥了较好的减震效果；黏滞阻尼器对于结构加速度响应的减震效果优于金属阻尼器。

2. 楼层位移

图 4-9 为刚性地基上 RS、RV、RM 的 3 个试验的框架结构楼层位移峰值对比。从图中可见，除了个别工况，RV 和 RM 结构的楼层位移峰值小于 RS 结构的楼层位移峰值，而且从减震率上也可以看出，黏滞阻尼器和金属阻尼器均发挥了较好的减震效果；在 PGA 较小时，黏滞阻尼器的减震效果明显优于金属阻尼器的减震效果；而随着 PGA 的增大，金属阻尼器在大部分楼层（尤其是结构的中上部楼层）的减震效果优于黏滞阻尼器的效果，这是因为金属阻尼器在小震下主要提供刚度，处于弹性阶段，而在大震下金属阻尼器耗能充分，减震效果较优。

3. 层间位移角

图 4-10 为刚性地基上 RS、RV、RM 的 3 个试验的框架结构层间位移角峰值对比。从图中可见，大体上 RV 和 RM 结构的层间位移角峰值小于 RS 结构的层间位移角峰值；在小震时黏滞阻尼器在减小结构的层间位移角峰值方面优于金属阻尼器；而随着 PGA 的增大，RV 和 RM 的层间位移角峰值相差不大；结构第 6 层的层间位移角峰值减震效果较差，说明此楼层是结构的一个薄弱层，这与试验观察到的第 6 层结构

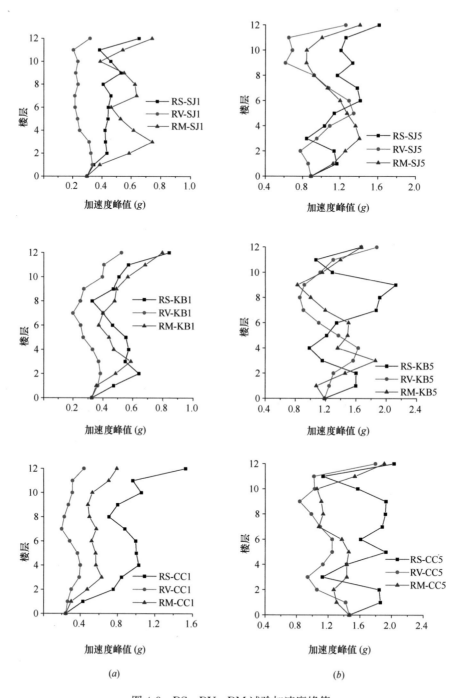

图 4-8　RS、RV、RM 试验加速度峰值

(a) SJ1、KB1、CC1 工况下 RS、RV、RM 加速度峰值；

(b) SJ5、KB5、CC5 工况下 RS、RV、RM 加速度峰值

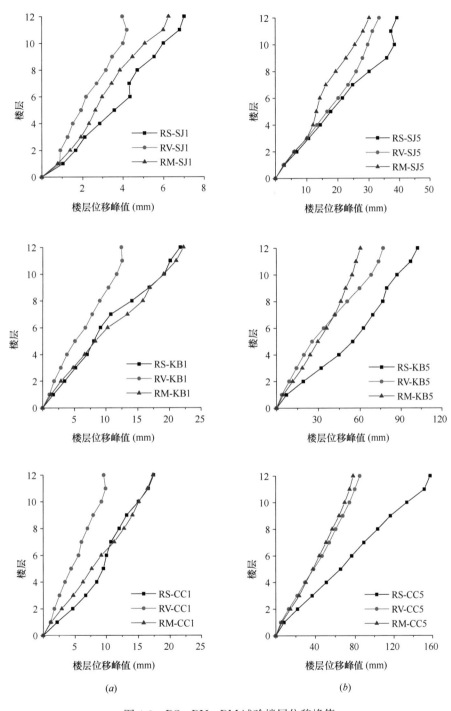

(a)　　　　　　　　　　　　　(b)

图 4-9　RS、RV、RM 试验楼层位移峰值

(a) SJ1、KB1、CC1 工况下 RS、RV、RM 楼层位移峰值；

(b) SJ5、KB5、CC5 工况下 RS、RV、RM 楼层位移峰值

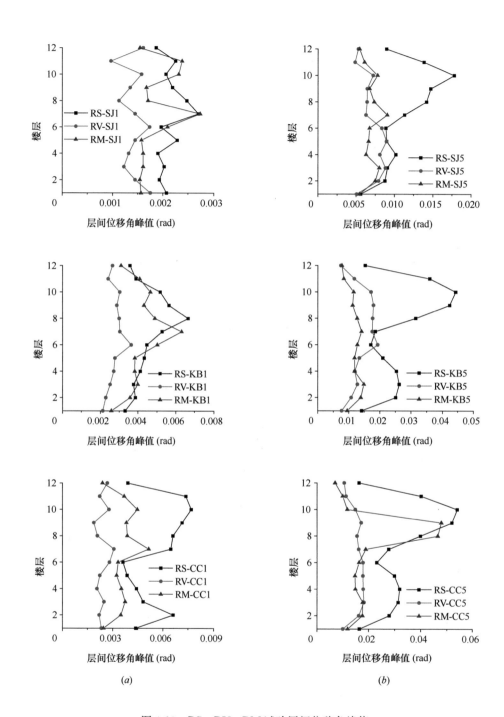

图 4-10　RS、RV、RM 试验层间位移角峰值

(a) SJ1、KB1、CC1 工况下 RS、RV、RM 层间位移角峰值；

(b) SJ5、KB5、CC5 工况下 RS、RV、RM 层间位移角峰值

出现较多的裂缝一致；层间位移角峰值的最大减震率为 80％左右。

4. 层间剪力

图 4-11 为刚性地基上 RS、RV、RM3 个试验的框架结构最大层间剪力峰值对比，

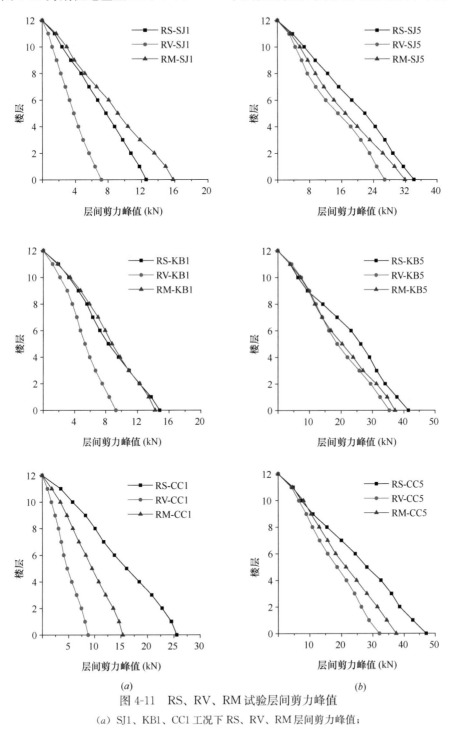

(a)   (b)

图 4-11　RS、RV、RM 试验层间剪力峰值

(a) SJ1、KB1、CC1 工况下 RS、RV、RM 层间剪力峰值；

(b) SJ5、KB5、CC5 工况下 RS、RV、RM 层间剪力峰值

可以看出，在小震下，RM 结构的最大层间剪力峰值较 RS 的大，说明金属阻尼器没有发挥较好的减震效果，这与考虑 SSI 效应时得到的规律不同，PM 试验中的金属阻尼器在小震下也有效地减小了结构的层间剪力峰值；在中震和大震下，RV 和 RM 结构的最大层间剪力峰值小于 RS 结构的最大层间剪力峰值，说明黏滞阻尼器和金属阻尼器均发挥了较好的减震效果。

4.4 考虑 SSI 效应和刚性地基上纯框架结构振动台试验结果对比分析

4.4.1 试验现象

PS 和 RS 模型的试验现象都主要为结构损伤，分为梁端受弯裂缝和柱端受弯裂缝及压碎，裂缝形态则基本相似。但是结构-地基相互作用体系的裂缝出现得晚，裂缝数量少，且发展缓慢。产生这种差别的主要原因是软土地基的减震隔震作用和 SSI 效应对基底地震动的影响。

4.4.2 模型的动力特性

表 4-3 为 PS 和 RS 试验在白噪声扫频工况下模型的第一阶频率和阻尼比，可以得出，SSI 体系的频率小于刚性地基上的结构自振频率，而阻尼比则大于结构材料阻尼比（结构损伤之前）；而且随着试验震次的增加和输入激励峰值增大，土体与体系模型的频率都下降，阻尼比增大。应该指出，随着试验震次的增加和输入激励峰值增大，PS 相互作用体系模型和刚性地基上的 RS 模型的频率都下降，阻尼比都增大，但两者的机理存在差别。对于相互作用体系，体系动力特性随着震动次数的增加而变化是由三个因素决定的：土体软化、桩基裂缝发展和框架结构裂缝发展。而刚性地基上的结构不同，它仅仅是框架结构梁柱开裂和裂缝发展的结果。

PS 和 RS 模型的第一阶频率和阻尼比   表 4-3

序号	工况代号	PS 试验		RS 试验	
		频率（Hz）	阻尼比（%）	频率（Hz）	阻尼比（%）
1	WN1	1.50	4.3	2.00	3.5
2	WN2	1.38	4.9	1.44	6.4
3	WN3	1.25	4.8	1.13	9.5
4	WN4	0.81	7.1	0.88	11.2
5	WN5	0.56	11.6	0.75	14.4
6	WN6	0.56	11.6	0.63	15.7
7	WN7	—	—	0.63	16.2

4.4.3　结构动力反应

1. 结构加速度

图 4-12 为纯框架结构 PS 和 RS 试验的结构加速度峰值对比。从图中可见，除了

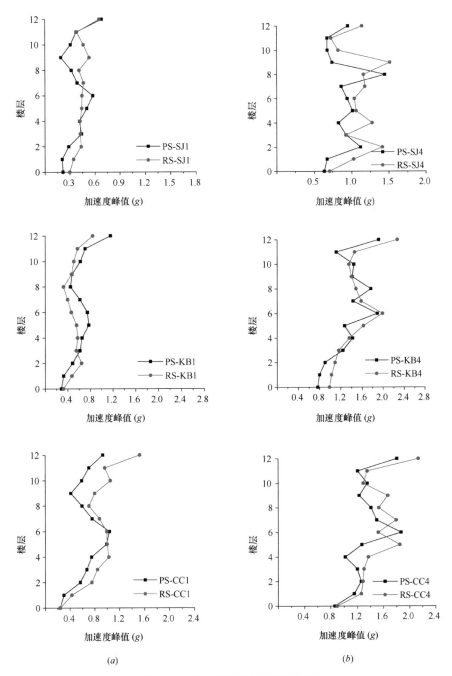

(a)　　　　　　　　　　　　　(b)

图 4-12　PS、RS 试验加速度峰值

(a) SJ1、KB1、CC1 工况下 PS、RS 加速度峰值；(b) SJ4、KB4、CC4 工况下 PS、RS 加速度峰值

KB1 工况，RS 模型的加速度峰值大体上比 PS 结构的加速度峰值大，说明基于本次振动台试验，考虑 SSI 效应后结构的加速度峰值变小，说明了 SSI 效应对结构的加速度峰值具有一定的减震效果。这是由于土体的隔震减震作用以及桩-土结构的非线性，SSI 体系结构吸收了部分震动能量。

2. 楼层位移

为了便于和刚性地基比较，在 SSI 体系楼层位移中扣除了基础处的平动位移和转动位移分量，图 4-13 为 PS 的弹性楼层位移峰值和 RS 试验的框架结构最大楼层位移峰值对比。从图中可以看出，在 SJ1 工况下，SSI 体系中结构的中下部楼层的弹性楼层位移峰值大于刚性地基上的结构楼层位移峰值；在 KB1 和 CC1 工况下，SSI 体系的结构弹性楼层位移峰值小于刚性地基上的位移峰值。随着 PGA 的增大，下部楼层 SSI 体系结构的弹性位移峰值与刚性地基上结构的位移峰值差别不明显，而在上部楼层 SSI 体系结构的弹性位移峰值呈现大于刚性地基上结构位移峰值的趋势。这是因为桩基有较大的平动和转动刚度；但是随着 PGA 的增大，土体非线性发展、土体变软，桩基的平动和转动刚度降低，SSI 体系的 PS 结构弹性位移峰值大于刚性地基上的情况；而且 SSI 体系中结构上部楼层受到高阶振型的影响更大，位移峰值也较大。

3. 层间位移角

图 4-14 为 PS 结构的弹性层间位移角峰值和 RS 试验的框架结构层间位移角峰值对比。从图中可以得出，在上海基岩波作用下，PS 结构层间位移角峰值大体上比 RS 结构的层间位移角峰值大；在集集波作用下，小震时 PS 结构的层间位移角峰值较小，而在中震和大震时 PS 结构的层间位移角峰值较大。相比结构的楼层位移峰值，PS 和 RS 结构的层间位移角峰值相差的并不明显。

4. 层间剪力

图 4-15 为 PS 和 RS 试验的框架结构最大层间剪力峰值对比。从图中可以得出，在 KB1 工况下，SSI 体系上部结构的层间剪力峰值大于刚性地基上的层间剪力峰值；在 KB4 工况下，SSI 体系上部结构的层间剪力峰值与刚性地基上的差别不明显；而在大多数工况下，SSI 体系上部结构的层间剪力峰值小于刚性地基上的层间剪力峰值，且随着 PGA 的增大，该规律保持不变。

综上所述，由于结构-地基动力相互作用效应，在相同的自由场地震动输入下，SSI 体系的结构加速度峰值、层间剪力峰值通常比刚性地基的情况小；而位移峰值则比刚性地基的情况大；层间位移角峰值两者相差不大。这是因为对于刚性地基，震动能量全部被结构吸收，而对于相互作用体系，仅一部分能量被结构吸收，另一部分则为土体和基础耗散，所以体现在了刚性地基上的结构加速度峰值和层间剪力峰值变大。而结构-地基动力相互作用体系的位移包含了结构的弹性位移、平动位移和转动位移，其总位移相比刚性地基上的大。

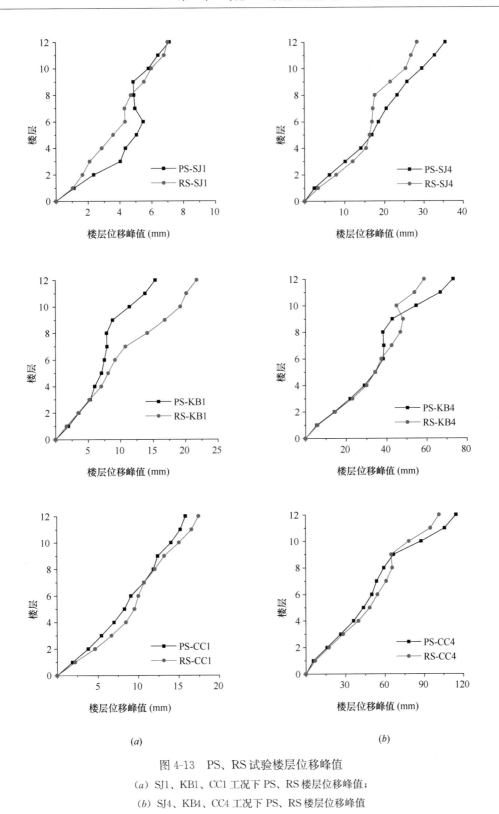

(a)　　　　　　　　　　　　　　　(b)

图 4-13　PS、RS 试验楼层位移峰值

（a）SJ1、KB1、CC1 工况下 PS、RS 楼层位移峰值；

（b）SJ4、KB4、CC4 工况下 PS、RS 楼层位移峰值

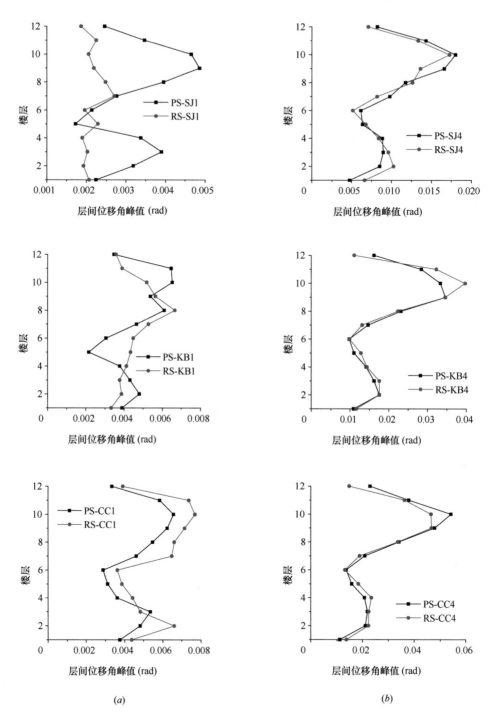

图 4-14　PS、RS 试验层间位移角峰值

（a）SJ1、KB1、CC1 工况下 PS、RS 层间位移角峰值；

（b）SJ4、KB4、CC4 工况下 PS、RS 层间位移角峰值

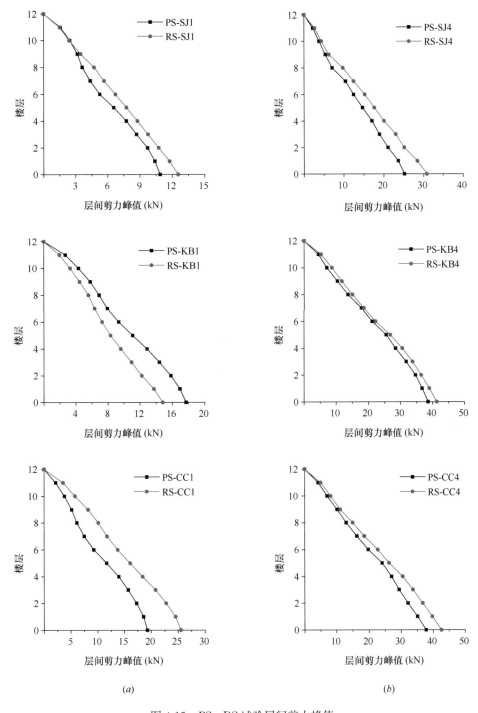

(a)　　　　　　　　　　　　　　　　　(b)

图 4-15　PS、RS 试验层间剪力峰值

(a) SJ1、KB1、CC1 工况下 PS、RS 层间剪力峰值；

(b) SJ4、KB4、CC4 工况下 PS、RS 层间剪力峰值

4.5 考虑 SSI 效应和刚性地基上设置黏滞阻尼器的框架振动台试验结果对比分析

4.5.1 试验现象

对于 RV 模型，试验的主要现象是结构损伤。结构损伤主要表现为梁端受弯开裂，裂缝不断发展直到贯通，同时裂缝宽度也逐渐增加，最终梁端近似铰接。与 RV 模型不同的是，PV（附加黏滞阻尼器）模型的上部结构没有出现明显的梁端裂缝，说明软土地基的减震隔震作用和 SSI 效应对基底地震动的影响。

4.5.2 模型的动力特性

表 4-4 为设置黏滞阻尼器的 PV 和 RV 试验各阶段模型的第一阶频率和阻尼比。

PV 和 RV 模型的第一阶频率和阻尼比　　　　　　表 4-4

序号	工况代号	PV 试验		RV 试验	
		频率（Hz）	阻尼比（%）	频率（Hz）	阻尼比（%）
1	WN1	2.02	5.50	2.69	5.25
2	WN2	1.95	6.62	2.51	7.20
3	WN3	1.76	7.48	2.31	8.60
4	WN4	1.63	8.76	2.06	9.15
5	WN5	1.59	9.67	2.05	9.60
6	WN6	1.53	10.49	1.88	10.10
7	WN7	1.49	9.25	1.81	10.20

从表 4-4 可见，考虑 SSI 效应设置黏滞阻尼器结构体系的频率小于刚性地基上相应结构的自振频率，而阻尼比则大于结构材料阻尼比。随着试验振动次数的增加以及 PGA 的不断增大，模型的频率下降，阻尼比增大。

4.5.3 结构动力响应

1. 结构加速度

图 4-16 为设置黏滞阻尼器的 PV 和 RV 试验的框架结构加速度峰值对比。可以看出，设置黏滞阻尼器的相互作用体系上部结构的加速度峰值小于刚性地基上的情况，且随着输入激励的增大，该规律不变。这和上节 PS 和 RS 得到的结论一样，即考虑 SSI 效应后结构的加速度峰值变小，软土对结构的加速度具有一定的减震效果。观察加速度峰值曲线可以发现，PV 和 RV 上部结构加速度峰值沿楼层的变化规律相同，说明 SSI 效应并没有改变结构的加速度峰值沿楼层的变化规律。

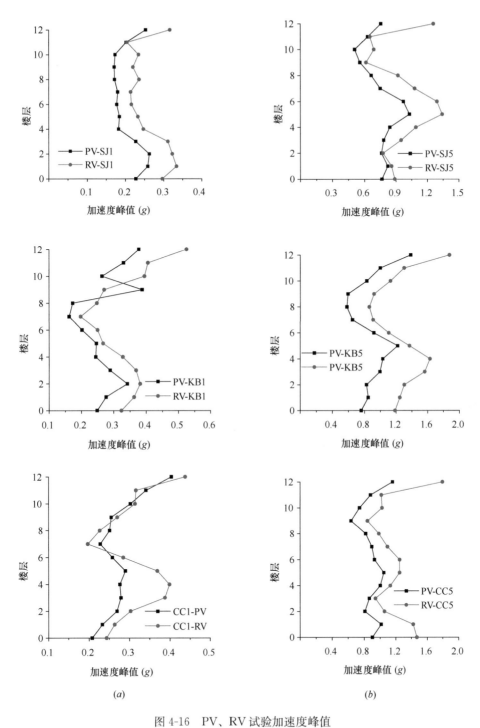

(a)   (b)

图 4-16　PV、RV 试验加速度峰值

(a) SJ1、KB1、CC1 工况下 PV、RV 加速度峰值；

(b) SJ5、KB5、CC5 工况下 PV、RV 加速度峰值

2. 楼层位移

图 4-17 为设置黏滞阻尼器的 PV 结构的弹性楼层位移峰值和 RV 试验的框架结构最

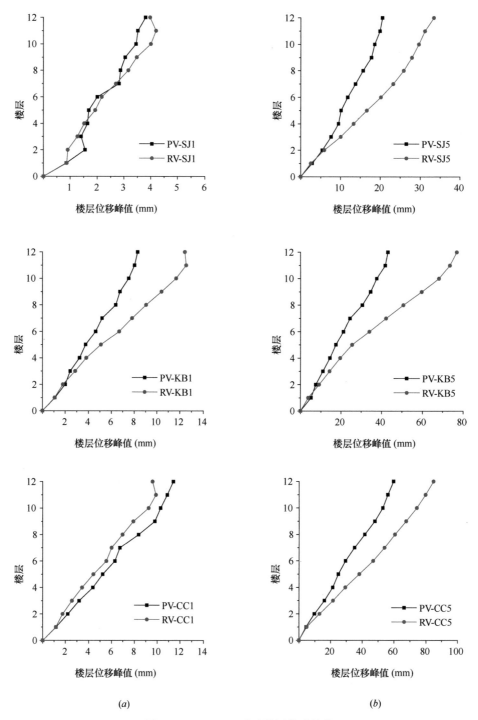

(a)

(b)

图 4-17 PV、RV 试验楼层位移峰值

(a) SJ1、KB1、CC1 工况下 PV、RV 楼层位移峰值；(b) SJ5、KB5、CC5 工况下 PV、RV 楼层位移峰值

大楼层位移峰值对比。从图中可以看到，除了 CC1 工况下设置黏滞阻尼器的相互作用体系的弹性楼层位移峰值大于刚性地基上的响应，而其他工况下 SSI 体系的弹性位移峰值较小。说明了 SSI 效应总体上减小了设置黏滞阻尼器的结构自身的弹性位移峰值。

3. 层间位移角

和楼层位移一样，为了和刚性地基进行对比，这里对 SSI 体系中结构的弹性层间位移角进行了分析。图 4-18 为设置黏滞阻尼器的 PV 和 RV 试验的框架结构最大层间

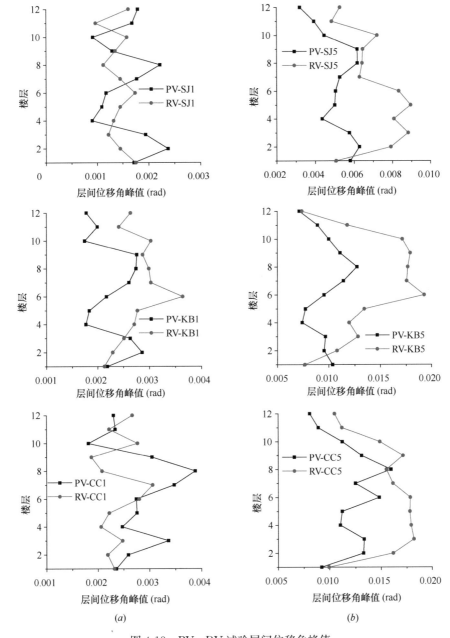

(a)　　　　　　　　　　　　　(b)

图 4-18　PV、RV 试验层间位移角峰值

（a）SJ1、KB1、CC1 工况下 PV、RV 层间位移角峰值；（b）SJ5、KB5、CC5 工况下 PV、RV 层间位移角峰值

位移角峰值对比。从图中可以看到，在 SJ1 和 CC1 工况下，相互作用体系结构的弹性层间位移角峰值总体上大于刚性地基上的响应；而随着 PGA 的增大，刚性地基上的层间位移角峰值大于 SSI 体系的峰值。说明随着地震输入幅值的增加，结构非线性发展，SSI 效应在一定程度上减小了结构自身的弹塑性层间位移角峰值。

4. 层间剪力

图 4-19 为设置黏滞阻尼器的 PV 和 RV 试验的框架结构最大层间剪力峰值对比。

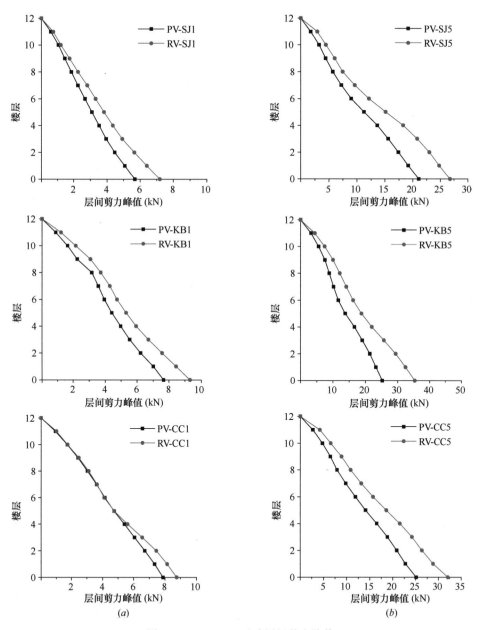

图 4-19 PV、RV 试验层间剪力峰值

(a) SJ1、KB1、CC1 工况下 PV、RV 层间剪力峰值；(b) SJ5、KB5、CC5 工况下 PV、RV 层间剪力峰值

由图可见，在 CC1 工况下，SSI 体系结构中上部楼层的层间剪力峰值与刚性地基上的层间剪力峰值差别不明显；而在大多数工况下，SSI 体系上部结构的层间剪力峰值小于刚性地基上的层间剪力峰值，且随着 PGA 的增大，该规律不变。

综上所述，和上节 PS 和 RS 结构得到的规律一致，一般说来，在地震动作用下考虑相互作用设置黏滞阻尼器的结构加速度峰值、层间剪力峰值通常比刚性地基上的情况小；而楼层位移峰值则比刚性地基上的情况大。

4.6　考虑 SSI 效应和刚性地基上设置金属阻尼器的框架结构振动台试验结果对比分析

4.6.1　试验现象

对于 RM 模型，试验的主要现象是结构损伤和软钢阻尼器的塑性变形。结构损伤主要表现为梁端受弯开裂，裂缝不断发展直到贯通，同时裂缝宽度也逐渐增加，最终梁端近似铰接。与 RM 模型不同的是，PM 模型的上部结构没有明显的梁端裂缝，软钢阻尼器的残余变形和防锈漆脱落也不明显，说明了软土地基的减震和隔震作用以及 SSI 效应对基底地震动的影响。

4.6.2　模型的动力特性

表 4-5 为 PM 和 RM 试验各阶段模型的第一阶频率和阻尼比，可以得出，考虑 SSI 效应设置金属阻尼器的结构体系的频率小于刚性地基上相应的结构自振频率，而阻尼比则大于刚性地基上结构的材料阻尼比；而且随试验振动次数的增加和 PGA 的不断增大，体系模型的频率都下降，阻尼比增大。

PM 和 RM 模型的第一阶频率和阻尼比　　　　表 4-5

序号	工况代号	PM 试验		RM 试验	
		频率（Hz）	阻尼比（%）	频率（Hz）	阻尼比（%）
1	WN1	2.18	3.9	2.87	2.0
2	WN2	2.10	4.1	2.62	2.9
3	WN3	1.96	4.7	2.46	3.4
4	WN4	1.88	5.1	2.33	3.2
5	WN5	1.79	5.9	2.19	4.3
6	WN6	1.77	6.0	2.11	4.1
7	WN7	1.70	5.8	2.03	4.0

4.6.3 结构动力响应

1. 结构加速度

图 4-20 为设置金属阻尼器的 PM 和 RM 试验的框架结构加速度峰值对比。从图中可见，除了个别楼层，带金属阻尼器的相互作用体系上部结构的加速度峰值小于刚性地基上的情况。考虑 SSI 效应后结构的加速度峰值变小，软土对结构的加速度峰值具有一定的减震效果。观察加速度峰值曲线可以发现，PM 和 RM 上部结构加速度峰值沿楼层的变化规律较为相同。

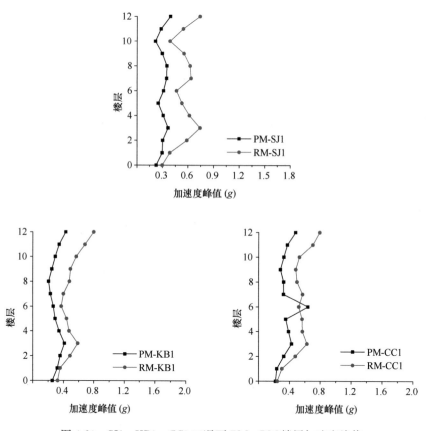

图 4-20 SJ1、KB1、CC1 工况下 PM、RM 楼层加速度峰值

2. 楼层位移

图 4-21 为设置金属阻尼器的 PM 和 RM 试验的框架结构最大楼层位移峰值对比。从图中可以看出，SSI 体系结构的弹性楼层位移峰值小于刚性地基上的楼层位移峰值，这是由于桩基有较大的平动和转动刚度，SSI 在一定程度上减小了结构自身的弹性变形分量。

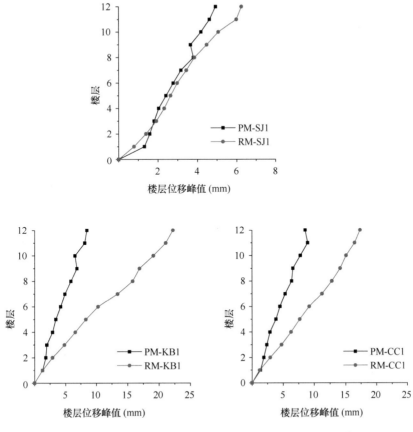

图 4-21　SJ1、KB1、CC1 工况下 PM、RM 楼层位移峰值

3. 层间位移角

图 4-22 为设置金属阻尼器的 PM 的弹性层间位移角峰值和 RM 试验的框架结构层间位移角峰值对比。从图中可以看出，除了个别楼层，相互作用体系 PM 结构的弹性层间位移角峰值沿楼层的分布比较均匀，而且小于刚性地基上 RM 结构的层间位移角峰值。说明了 SSI 效应一定程度上减小了结构自身的弹塑性层间位移角峰值。

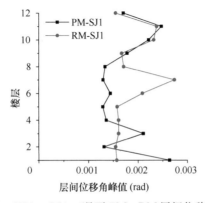

图 4-22　SJ1、KB1、CC1 工况下 PM、RM 层间位移角峰值（一）

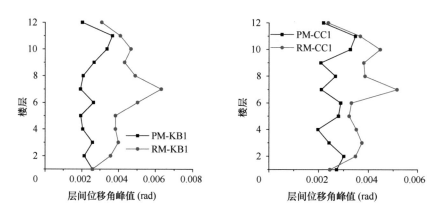

图 4-22　SJ1、KB1、CC1 工况下 PM、RM 层间位移角峰值（二）

4. 层间剪力

图 4-23 为设置金属阻尼器的 PM 和 RM 试验的框架结构最大层间剪力峰值对比。由图可见，相互作用体系结构楼层的层间剪力峰值明显小于刚性地基上的层间剪力峰值。

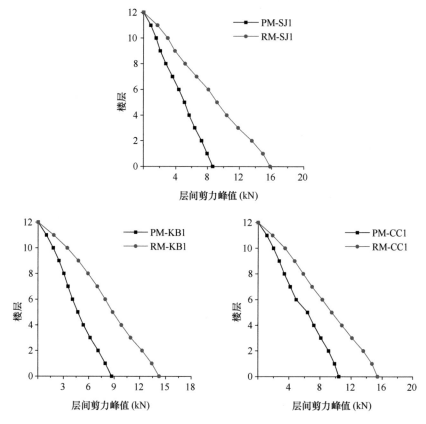

图 4-23　SJ1、KB1、CC1 工况下 PM、RM 层间剪力峰值

第 5 章　考虑 SSI 效应的消能减震
结构振动台试验计算结果

5.1　ANSYS 建模计算中的关键问题

本节着重讨论利用 ANSYS 程序对相邻高层结构-桩-土动力相互作用振动台试验进行计算建模时，比较难实现的网格划分、剪切盒的模拟、土体材料非线性模拟和土体与结构接触界面上的状态非线性模拟问题，同时还讨论了阻尼模型的选取、重力的考虑、自由度不协调的处理等问题。

5.1.1　网格划分

在用 ANSYS 对消能减震结构-桩-土动力相互作用振动台试验进行仿真计算的建模中，土体和基础采用三维实体单元，梁和柱采用三维梁单元，板采用三维壳单元。

网格划分时所遵循的原则如下：

（1）满足波动对网格划分的要求。有结果表明对于一般沿竖向传播的剪切波，单元高度可以按照下式计算：

$$h_{\max} = \left(\frac{1}{8} \sim \frac{1}{5} \right) \frac{V_s}{f_{\max}} \tag{5-1}$$

式中　V_s——剪切波速；

　　　$f_{\max}$——截取的最大波动频率，单元的平面尺寸比立面尺寸的限制要宽松些，一般取 $h_{\max}$ 的 3～5 倍。

（2）满足数据分析需要：有限元模型的节点应与试验中的重要观测点（如布置的测点）位置相对应，以便计算结果与试验结果进行对照。

（3）满足求解精度对有限元网格划分的要求：单元网格越细，自由度数越多，计算精度越高，计算所需时间和计算费用也会越大。因此，应在保证获得令人满意的求解精度的前提下，尽量减少单元数目。试验模型的网格划分如图 5-1 所示。

5.1.2　地基土的材料非线性

在选择地基模型时，首先要考虑该模型能否真实地体现该状态下土的物理力学特征，然后还要考虑在数值计算中的可行性，例如计算的时间、效率、计算成本、获得

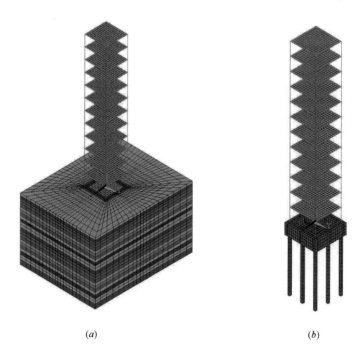

(a) (b)

图 5-1 PS 试验模型网格划分

(a) PS 试验有限元模型图；(b) 桩-承台-上部结构模型图

的参数的可靠性等。在分析众多本构模型的基础上，本书选用较为高效的等效线性模型。建模的思路是：首先对各层土的一对动剪切模量 G_{d1} 和阻尼比 D_1 进行假设，然后可以得到相应的有效动剪应变 γ_{d1}；由此 γ_{d1} 值在土的动剪切模量 G_d 和初始动剪切模量 G_0 之比 G_d/G_0 与有效动剪应变 γ_d 关系曲线 G_d/G_0-γ_d、阻尼比与有效动剪应变关系曲线 D-γ_d 上挑出与之相应的动剪切模量 G_{d2} 和阻尼比 D_2；按照这样的方法不断重复上面的分析流程与步骤直至前后两轮的动剪切模量和阻尼比的差值在规定的允许范围内为止。而实际上动剪应变不是静止的，是运动的过程，它随时间而变化，如果用其最大值作为挑选对应的动剪切模量和阻尼比，这样的做法过于保守。所以，在本次试验中采用 0.65 倍的最大动剪应变作为有效动剪应变 γ_d。

本书利用 ANSYS 的参数设计语言将上述土体的等效线性模型及其计算过程并入 ANSYS 程序中，实现了土体材料的非线性模拟。

5.1.3 地基与基础的接触非线性

利用 ANSYS 程序中已有的接触单元库，在地基与基础接触面上定义接触单元来实现接触分析。具体做法是：接触面定义在交界面处的土表面处、目标面定义在刚度相比土体较大的结构（或基础）的表面处，这样接触单元在接触面上形成，目标单元在目标面上形成；然后接触单元和目标单元作为一个接触对，并通过一样的实常数进行定义。通过选择合理的参数，例如定义库伦摩擦系数等，实现了地基与土体之间的接触非线性，即可以再现土与结构交界面上的粘结、滑移、脱离、再闭合的非线性状态。

5.1.4　阻尼模型的选取

在结构-地基相互作用问题中，地基和结构材料的不同将导致地基的阻尼往往大于结构本身的阻尼。因此，结构的阻尼主要与材料的特性有关，应分别输入各自材料的阻尼，按直接集成法，组成阻尼矩阵。而 ANSYS 程序中采用的是 Rayleigh 阻尼，本书计算中结构的阻尼比取 5%，土体的阻尼比利用前述试验得到的 D-γ_d 曲线进行迭代。

5.1.5　结构非线性的模拟

在大震作用下上部结构将进入非线性状态，为了更真实地模拟振动台试验，有必要考虑上部结构的非线性。从计算的时效性以及合理性出发，本书选用 ANSYS 程序中所提供的双线性随动强化模型（BKIN），作为上部结构的本构模型，该模型将钢筋混凝土构件进行均匀材料等效。虽然该模型存在一定的约束与限制，它不能全面地反映混凝土滞回曲线中的捏拢效应和混凝土压溃后退出工作的特性，但是在 SSI 体系以整体指标分析为目的的研究中，该模型可以反映混凝土非线性性质，而且兼顾计算效率，它是一种比较理想的本构模型。

5.1.6　阻尼器的模拟

本书选择 Combin37 单元来实现非线性黏滞阻尼器的模拟。Combin37 单元是非线性控制单元，它由两个单元活动节点以及可以选择的两个控制节点组成，而控制节点决定了整个单元的复杂非线性行为。如果没有对控制节点进行设置和选择，则该单元与常见的弹簧-阻尼器-滑块单元相同。通过对单元选项和单元实常数的定义来实现非线性黏滞阻尼器的模拟。

采用 Combin40 单元来模拟软钢阻尼器的力学性能。该单元适用于各类分析中，它用弹簧、弹簧滑块和阻尼器并联，用串联方式再与间隙耦合形成组合体。该单元每个节点仅有一个自由度，为平动位移、转动位移、压力或温度等自由度之一。

5.2　ANSYS 计算模型的合理性

为了验证程序计算结果的真实可靠性，这里将考虑了土的材料非线性以及土体与结构（或基础）接触界面上的状态非线性后的计算结果同振动台模型试验的结果进行了对照。

图 5-2 为对 PV 试验模型在 SJ1 和 SJ3 工况下进行计算得到的加速度结果与试验结果的对比。从图中可以看到，距容器底部 1.6m 高度处的 A5 测点以及框架结构高

度处 5m 处的 A36 测点的计算与试验加速度时程符合较好。

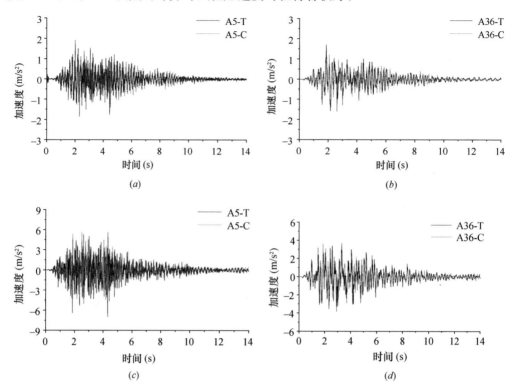

图 5-2　PV 试验计算与试验结果加速度时程比较

(*a*) SJ1 工况 A5 测点计算与试验结果比较；(*b*) SJ1 工况 A36 测点计算与试验结果比较；

(*c*) SJ3 工况 A5 测点计算与试验结果比较；(*d*) SJ3 工况 A36 测点计算与试验结果比较

5.3　考虑 SSI 效应设置黏滞阻尼器的框架结构计算结果

5.3.1　桩身应变

为了了解群桩基础中各桩的反应特性，计算中输出了不同桩体、桩身不同高度上的点沿 Z 方向的正应变，并对角桩（1 号桩）、中桩（5 号桩）和边排中桩（2 号桩和 4 号桩）的结果进行了分析。

1. 同一根桩不同工况间桩身应变幅值的比较

图 5-3 为不同地震波输入下 PV 计算模型中 4 号桩左右两侧的桩身应变幅值分布。由图中可以看出如下规律：

（1）随着输入加速度峰值的增加，桩身的应变反应增大。

（2）与土体及结构的加速度反应类似，在相同峰值的加速度输入时，结构体系在 Kobe 波和集集波下的桩身应变幅值较上海基岩波激励下的大；而且在桩端处的应变

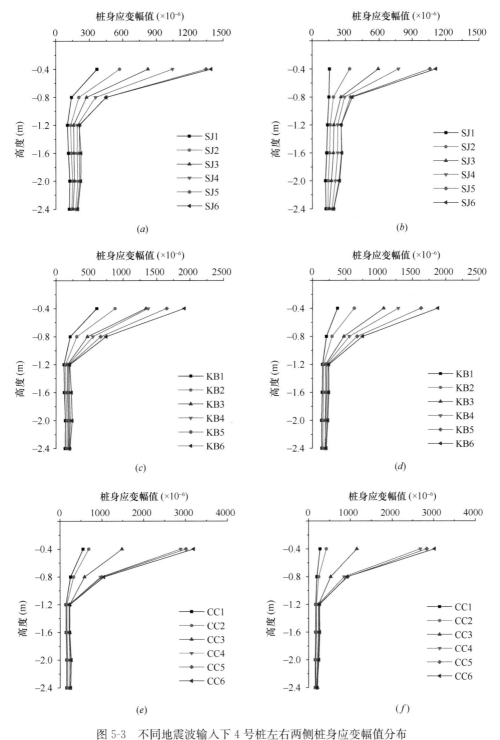

图 5-3　不同地震波输入下 4 号桩左右两侧桩身应变幅值分布

（a）上海基岩波工况 4 号桩左侧应变幅值；（b）上海基岩波工况 4 号桩右侧应变幅值；
（c）Kobe 波工况 4 号桩左侧应变幅值；（d）Kobe 波工况 4 号桩右侧应变幅值；
（e）集集波工况 4 号桩左侧应变幅值；（f）集集波工况 4 号桩右侧应变幅值

幅值较桩尖处的大。

（3）靠近桩外侧（左侧）的应变幅值稍大于桩身内侧（右侧）的应变。

以上得到的应变规律与试验结果一致。通过计算发现群桩基础中的其他桩的应变分布规律与 4 号桩相似。

2. 各工况下不同桩体之间桩身应变幅值的比较

图 5-4 为 SJ3、KB3 和 CC3 工况下 PV 计算模型中 1、2、4、5 号桩桩身应变幅值分布情况。由图中可以看出如下规律：

（1）桩身应变幅值为桩顶部分较大，从中上部到桩尖基本保持不变，且数值较小。这与试验后观察到的只有桩端有少量的水平裂缝的分布形态是一致的。

（2）总体而言，1 号角桩的应变幅值最大，4 号边排中桩的应变幅值略小一些，而 5 号中桩的应变幅值相对最小，这与试验后观察到的桩身裂缝分布是一致的。

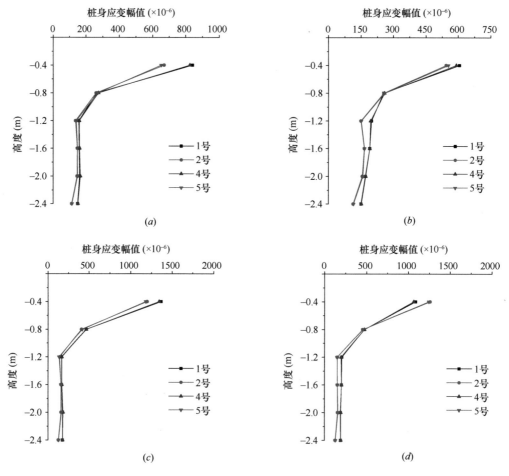

图 5-4　不同地震波输入下 1、2、4、5 号桩桩身应变幅值分布（一）

（a）SJ3 工况不同桩左侧应变幅值；（b）SJ3 工况不同桩右侧应变幅值；

（c）KB3 工况不同桩左侧应变幅值；（d）KB3 工况不同桩右侧应变幅值

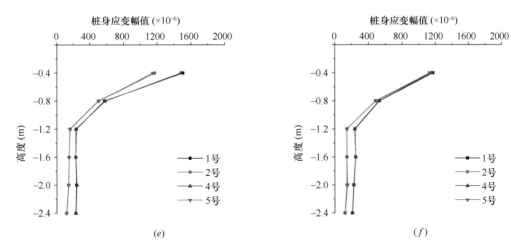

图 5-4　不同地震波输入下 1、2、4、5 号桩桩身应变幅值分布（二）

（e）CC3 工况不同桩左侧应变幅值；（f）CC3 工况不同桩右侧应变幅值

5.3.2　桩土接触压力

1. 同一根桩不同工况间的比较

图 5-5 为上海基岩波、Kobe 波和集集波作用下，PV 计算模型中 4 号桩的桩土接触压力幅值沿桩身的分布情况。可以看出，随着 PGA 的增大，接触压力幅值增大；接触压力幅值在靠近桩身上部较大；桩左侧（外侧）的接触压力幅值较桩右侧（内侧）的幅值大，这与试验得到的规律相一致。

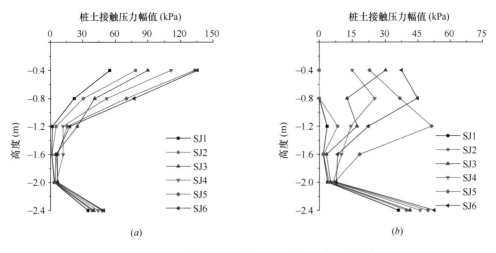

图 5-5　不同地震波输入下 4 号桩桩土接触压力幅值分布（一）

（a）上海基岩波工况左侧桩土接触压力幅值；（b）上海基岩波工况右侧桩土接触压力幅值

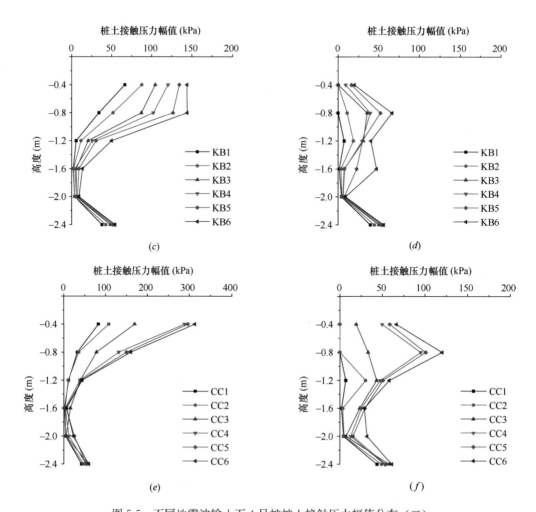

图 5-5　不同地震波输入下 4 号桩桩土接触压力幅值分布（二）

（c）Kobe 波工况左侧桩土接触压力幅值；（d）Kobe 波工况右侧桩土接触压力幅值；

（e）集集波工况左侧桩土接触压力幅值；（f）集集波工况右侧桩土接触压力幅值

2. 同一工况不同桩体之间的比较

图 5-6 为 SJ3、KB3 和 CC3 工况下 1、2、4、5 号桩的桩土接触压力幅值分布。由图中可以看出如下规律：

（1）在 Kobe 波和集集波作用下，各桩与土体之间的接触压力幅值较在上海基岩波作用下的幅值大。

（2）各桩与土体之间的接触压力幅值在靠近桩身上部较大、桩身中部较小、桩身下部稍大。

（3）对于桩右侧顶端，边排端桩 1 号桩的桩土接触压力幅值最大，边排中间桩 4 号桩的桩土接触压力幅值最小；而在桩左侧，1 号桩的桩土接触压力幅值最小，4 号桩的桩土接触压力幅值最大。

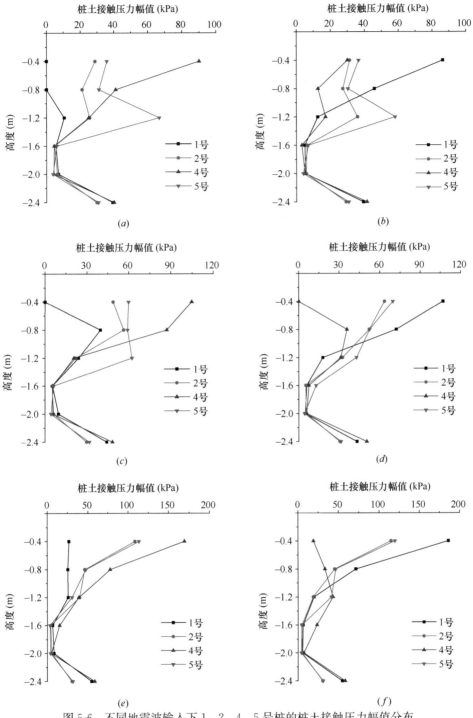

图 5-6　不同地震波输入下 1、2、4、5 号桩的桩土接触压力幅值分布

（a）SJ3 工况不同桩左侧桩土接触压力幅值；（b）SJ3 工况不同桩右侧桩土接触压力幅值；
（c）KB3 工况不同桩左侧桩土接触压力幅值；（d）KB3 工况不同桩右侧桩土接触压力幅值；
（e）CC3 工况不同桩左侧桩土接触压力幅值；（f）CC3 工况不同桩右侧桩土接触压力幅值

5.3.3 结构加速度

图 5-7 为不同工况下 PV 计算模型楼层加速度峰值曲线，可以看出，在 Kobe 波和集集波作用下，结构的加速度峰值分布随楼层高度的分布特征基本一致，大于相同加速度幅值时上海基岩波输入下结构的加速度峰值。而且通过对比 PS 计算模型的楼层加速度峰值可以看出，总体上黏滞阻尼器有效减小了结构的楼层加速度峰值。

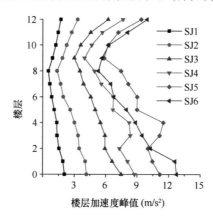

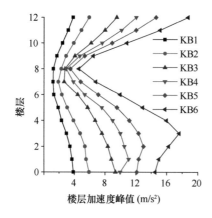
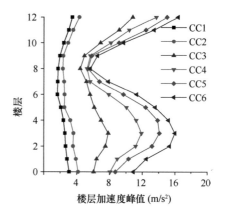

图 5-7　不同工况下 PV 计算模型楼层加速度峰值曲线

注：SJ 为在上海基岩波工况下，KB 为在 Kobe 波工况下，CC 为在集集波工况下，后同。

5.3.4 结构楼层位移

图 5-8 为 PV 计算模型结构相对于承台的楼层位移峰值，可以看出，在 Kobe 波和集集波作用下，结构的位移峰值大于相同加速度峰值输入时上海基岩波作用下结构的位移峰值，且结构上部楼层的位移峰值较下部楼层的峰值大。而且通过对比 PS 计算模型的楼层位移峰值可以看出，黏滞阻尼器有效减小了结构的楼层位移峰值。

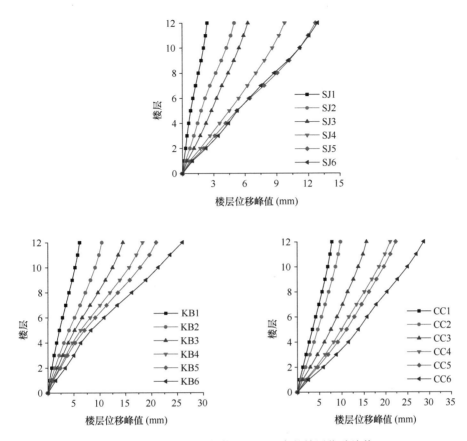

图 5-8　PV 计算模型结构相对于承台的楼层位移峰值

5.3.5　结构层间剪力

PV 计算模型结构的层间剪力峰值如图 5-9 所示。可以看出，随着 PGA 的增大，层间剪力峰值也增大；上海基岩波作用下结构的层间剪力峰值小于 Kobe 波和集集波作用下的层间剪力峰值。

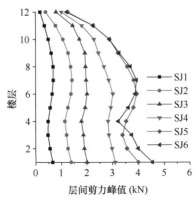

图 5-9　PV 计算模型结构的层间剪力峰值（一）

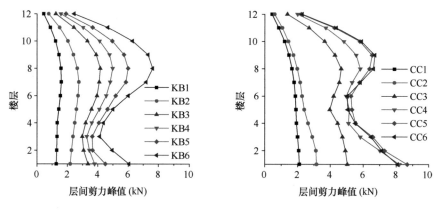

图 5-9 PV 计算模型结构的层间剪力峰值（二）

第 6 章 SSI 体系动力特性参数的
简化方法及阻尼器设计

6.1 引言

在一些现存计算 SSI 体系的动力特性的简化方法基础上，本章提出了一种改进的简化计算方法，并用前面的考虑 SSI 效应的消能减震结构振动台模型试验的数据资料进行计算分析。在此基础上进行了考虑 SSI 效应的黏滞阻尼器设计，并通过工程模型进行了设计与验证。

6.2 简化方法的计算模型与分析

分析惯性相互作用的简化模型如图 6-1 所示，模型由单自由度结构和允许有平动及转动的基础组成。

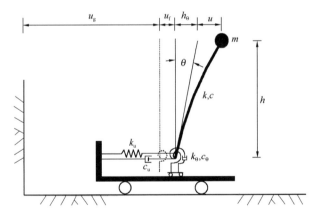

图 6-1 简化计算模型

单自由度结构的刚度、质量、阻尼系数和高度分别为 k、m、c 和 h，在基础固定时，固有频率用 ω_s 表示，阻尼比用 ζ_s 表示，则

$$\omega_s^2 = k/m, \ \zeta_s = c/(2m\omega_s) \tag{6-1}$$

由于能量在基础处向外辐射和消散，土可以视做由弹簧和阻尼器构成（忽略平动和摆动的耦合作用），并且将水平向系数表示为 k_u 和 c_u，转动（摇摆）向系数表示为

k_θ 和 c_θ。相应的固有频率和阻尼比可表示为：

$$\omega_\mathrm{u}^2 = \frac{k_\mathrm{u}}{m}, \ \zeta_\mathrm{u} = \frac{c_\mathrm{u}}{2m\omega_\mathrm{u}} \tag{6-2}$$

$$\omega_\theta^2 = \frac{k_\theta}{mh^2}, \zeta_\theta = \frac{c_\theta}{2mh^2\omega_\theta} \tag{6-3}$$

总横向位移可表示为几个分量之和：

$$u^\mathrm{t} = u_\mathrm{g} + u_\mathrm{f} + h\theta + u \tag{6-4a}$$

$$u_0^\mathrm{t} = u_\mathrm{g} + u_\mathrm{f} \tag{6-4b}$$

式中　u_f —— 基础相对于自由场运动 u_g 的位移；

　　　u —— 质量与运动框架（与刚性基础连接）的相对位移，它等于结构的变形。

图 6-1 的简单模型可以看成单层建筑的直接模型，或者更一般地可看成是以第一振型为主导的多层建筑的近似模型。对后一种情况，h 应理解为从基础至与第一振型相对应的惯性力中心之间的距离，而 k、m 和 c 应理解为相应的广义刚度、广义质量和广义阻尼系数。

对于图 6-1 的体系，根据质点的动力平衡方程以及整个体系水平方向和转动方向的平衡方程，可列出体系的运动方程：

质点 m 水平方向平衡：　　　$m\ddot{u}^\mathrm{t} + ku + c\dot{u} = 0$ 　　　(6-5a)

结构整体水平方向平衡：　　　$m\ddot{u}^\mathrm{t} + m_\mathrm{f}\ddot{u}_0^\mathrm{t} + k_\mathrm{u}u_\mathrm{f} + c_\mathrm{u}\dot{u}_\mathrm{f} = 0$ 　　　(6-5b)

结构整体摆动方向平衡：　　　$m\ddot{u}^\mathrm{t}h + I\ddot{\theta} + k_\theta\theta + c_\theta\dot{\theta} = 0$ 　　　(6-5c)

式中　m_f —— 基础的质量；

　　　I —— 结构整体转动惯量。

最后整理导出系统的频率 $\widetilde{\omega}$ 和阻尼比 $\widetilde{\zeta}$：

$$\frac{1}{\widetilde{\omega}^2} = \frac{1}{\omega_\mathrm{s}^2} + \frac{1}{\omega_\mathrm{u}^2} + \frac{1}{\omega_\theta^2} \tag{6-6}$$

$$\widetilde{\zeta} = \left(\frac{\widetilde{\omega}}{\omega_\mathrm{s}}\right)^3\zeta_\mathrm{s} + \left(\frac{\widetilde{\omega}}{\omega_\mathrm{u}}\right)^3\zeta_\mathrm{u} + \left(\frac{\widetilde{\omega}}{\omega_\theta}\right)^3\zeta_\theta \tag{6-7}$$

因此由上式可以得出：SSI 体系的频率 $\widetilde{\omega}$ 小于当基础固定时结构的频率 ω_s。

6.3　阻抗函数

6.3.1　基本情形

对最一般的情形，基础的每一点均有 6 个自由度；但在实际上，常常假定基础是刚性的，因而整个基础只需 6 个自由度表示。平动和转动（摆动）弹簧阻尼器的实刚度和阻尼分别为：

$$k_u = \alpha_u K_u,\ c_u = \beta_u \frac{K_u r}{V_s} \tag{6-8a}$$

$$k_\theta = \alpha_\theta K_\theta,\ c_\theta = \beta_\theta \frac{K_\theta r}{V_s} \tag{6-8b}$$

式中　V_s——土的剪切波速；

　　　r——基础半径，对任意形状的筏式基础，分别按面积（A_f）和惯性矩（I_f）等效来计算基础半径：

$$r_1 = \sqrt{A_f/\pi},\ r_2 = \sqrt[4]{4 I_f/\pi} \tag{6-9}$$

K_u 和 K_θ 为半空间上基础的静刚度，按下列公式计算：

$$K_u = \frac{8}{2-\nu} Gr,\ K_\theta = \frac{8}{3(1-\nu)} Gr^3 \tag{6-10}$$

式中　G——土的动剪切模量；

　　　ν——土的泊松比。

α_u、β_u、α_θ、β_θ 为与频率相关的无量纲参数，与无量纲频率 a_0 和土的泊松比 ν 有关。无量纲频率 a_0 定义为：

$$a_0 = \omega r / V_s \tag{6-11}$$

式中　r——基础半径，取 r_1 或 r_2。

当考虑纯弹性土（没有材料阻尼的土）时，α_u、β_u、α_θ、β_θ 可按式（6-12）近似计算：

$$\alpha_u = 1 \tag{6-12a}$$

$$\beta_u = \alpha_1 \tag{6-12b}$$

$$\alpha_\theta = 1 - \beta_1 \frac{(\beta_2 a_0)^2}{1 + (\beta_2 a_0)^2} - \beta_3 a_0^2 \tag{6-12c}$$

$$\beta_\theta = \beta_1 \beta_2 \frac{(\beta_2 a_0)^2}{1 + (\beta_2 a_0)^2} \tag{6-12d}$$

其中 α_1、β_i 为取决于泊松比 ν 的系数，按表 6-1 取值。

系数 α_1、β_i　　　　　　　　　　表 6-1

数值	$\nu = 0$	$\nu = 1/3$	$\nu = 0.45$	$\nu = 0.5$
α_1	0.775	0.65	0.60	0.60
β_1	0.525	0.5	0.45	0.4
β_2	0.8	0.8	0.8	0.8
β_3	0	0	0.023	0.027

对于黏弹性土，引入土的黏滞材料阻尼，α_u、β_u、α_θ、β_θ 按下列公式近似计算：

$$\alpha_u = 1 - \sqrt{\left(\frac{R-1}{2}\right)}\alpha_1 a_0 \qquad (6\text{-}13a)$$

$$\beta_u = \sqrt{\left(\frac{R+1}{2}\right)}\alpha_1 + \xi \qquad (6\text{-}13b)$$

$$\alpha_\theta = 1 - \frac{\beta_1\{R + \sqrt{[(R-1)/2]}(\beta_2 a_0)\}(\beta_2 a_0)^2}{R + 2\sqrt{[(R-1)/2]}(\beta_2 a_0) + (\beta_2 a_0)^2} - \beta_3 a_0^2 \qquad (6\text{-}13c)$$

$$\beta_\theta = \frac{\beta_1 \beta_2 \sqrt{[(R+1)/2]}(\beta_2 a_0)^2}{R + 2\sqrt{[(R-1)/2]}(\beta_2 a_0) + (\beta_2 a_0)^2} + \xi \qquad (6\text{-}13d)$$

$R = \sqrt{1 + a_0^2 \xi^2} = \sqrt{1 + \mathrm{tg}^2 \delta}$，其中 δ 为由黏滞阻尼引起的相位滞后角，$\mathrm{tg}\delta$ 为土的损耗系数，可以由土工试验选取和确定。当 $\mathrm{tg}\delta = 0$ 时，即为纯弹性土，式（6-13）变为式（6-12）。

6.3.2　桩基阻抗函数

Gazetas 对均质土和土模量随深度线性增加的土（也称 Gibson 土）给出了桩顶水平向动力荷载作用下桩的有效长度的计算公式，其中对于均质土：

$$l_{ad} = 2d\kappa^{0.25} \qquad (6\text{-}14)$$

式中　d ——桩径；

　　　κ ——桩土刚度比，对均质土 $\kappa = E_p/E_s$，E_p、E_s 分别为桩和土的杨氏模量。

假定土是连续弹性介质，桩-土界面上位移连续，忽略桩的径向变形，则桩顶荷载与桩顶位移的关系可表示为：

$$\begin{Bmatrix} u \\ \theta \\ v \end{Bmatrix} = \begin{bmatrix} f_{uu} & f_{u\theta} & 0 \\ f_{\theta u} & f_{\theta\theta} & 0 \\ 0 & 0 & f_{vv} \end{bmatrix} \begin{Bmatrix} H \\ M \\ P \end{Bmatrix} \qquad (6\text{-}15)$$

式中　　　　u、θ 和 v ——桩顶的水平位移、转角和竖向位移；

　　　　　　H、M 和 P ——施加在桩顶的水平力、弯矩和竖向力；

f_{uu}、$f_{u\theta}$、$f_{\theta u}$、$f_{\theta\theta}$ 和 f_{vv} ——桩顶柔度系数。

根据互功原理，$f_{u\theta} = f_{\theta u}$。

刚度系数与柔度系数有如下关系：

$$\begin{bmatrix} K_{uu} & K_{u\theta} \\ K_{\theta u} & K_{\theta\theta} \end{bmatrix} = \begin{bmatrix} f_{uu} & f_{u\theta} \\ f_{\theta u} & f_{\theta\theta} \end{bmatrix}^{-1} \qquad (6\text{-}16a)$$

$$K_{vv} = f_{vv}^{-1} \qquad (6\text{-}16b)$$

工程上通常采用 Winkler 弹性地基梁模型。由弹性地基梁理论可知，对于均质土中桩顶自由的半无限梁，桩顶柔度系数为：

$$f_{uu} = 2.62\kappa^{-0.25}/(E_s d)$$

$$f_{u\theta} = 4.12\kappa^{-0.50}/(E_s d^2)$$

$$f_{\theta\theta} = 12.95\kappa^{-0.75}/(E_s d^3)$$

(6-17)

6.3.3　基础埋置的情形

对在厚度为 d_s 的单一土层中、埋深为 e 的圆形基础（图 6-2），且 $r/d_s < 0.5$ 和 $e/r < 1$ 时，基础平动静刚度和摆动静刚度可按下式计算：

$$(K_u)_{FL/E} = K_u \left(1 + \frac{2}{3}\frac{e}{r_1}\right)\left(1 + \frac{5}{4}\frac{e}{d_s}\right)\left(1 + \frac{1}{2}\frac{r_1}{d_s}\right)$$

(6-18a)

$$(K_\theta)_{FL/E} = K_\theta \left(1 + 2\frac{e}{r_2}\right)\left(1 + 0.7\frac{e}{d_s}\right)\left(1 + \frac{1}{6}\frac{r_2}{d_s}\right)$$

(6-18b)

非对角线上的耦合项相对较小可以忽略，刚度和阻尼的频率相关性仍按式（6-8）考虑。

式中的 $(K_u)_{FL/E}$ 和 $(K_\theta)_{FL/E}$ 为有限土层上基础的平动和摆动静刚度，d_s 为土层厚度，r_1、r_2 分别为按照面积和惯性矩计算出的基础半径，按照式（6-9）计算。

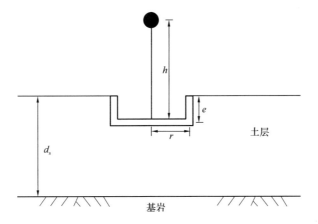

图 6-2　有限厚土层-埋置式基础-结构体系示意图

6.4　简化计算方法及验证

6.4.1　简化计算方法

分析模型仍然采用图 6-1 所示的 S-R 模型，体系的周期 $\widetilde{T}$ 按式（6-19）计算，阻

尼比 $\widetilde{\zeta}$ 的确定基于能量平衡按式（6-20）计算：

$$\widetilde{T} = T\sqrt{1 + \frac{k}{k_u}\left(1 + \frac{k_u h^2}{k_\theta}\right)} \tag{6-19}$$

$$\widetilde{\zeta} = (E_u^F \zeta_u^F + E_\theta^F \zeta_\theta^F + E_u^P \zeta_u^P + E_\theta^P \zeta_\theta^P + E_B \zeta_B)/E \tag{6-20}$$

在具体计算方法中作如下修正：

（1）刚性地基上结构的刚度 k 按下列公式计算：

$$k = 4\pi^2 \overline{W}/gT^2 \tag{6-21}$$

（2）基础的平动刚度 k_u 和摆动刚度 k_θ 中，考虑桩基础的作用，采用如下计算公式：

$$k_u = \sqrt{(k_u^F)^2 + (k_u^P)^2} \tag{6-22}$$

$$k_\theta = k_\theta^F + k_\theta^P \tag{6-23}$$

地基自身的平动、摆动刚度 k_u^F、k_θ^F 按式（6-8）确定；桩产生的平动、摆动刚度 k_u^P、k_θ^P 按 6.3.2 小节所述方法确定。

（3）计算体系阻尼比 $\widetilde{\zeta}$ 时，地基的平动应变能 E_u^F 和摆动应变能 E_θ^F、桩的平动应变能 E_u^P 和摆动应变能 E_θ^P、结构的应变能 E_B 以及 SSI 体系总的应变能 E，按以下各式计算：

$$E_u^F = k_u^F \eta_u^2/2 \tag{6-24}$$

$$E_\theta^F = k_\theta^F (\eta_\theta/h)^2/2 \tag{6-25}$$

$$E_u^P = k_u^P \eta_u^2/2 \tag{6-26}$$

$$E_\theta^P = k_\theta^P (\eta_\theta/h)^2/2 \tag{6-27}$$

$$E_B = k\eta_B^2/2 = (\overline{W}/g)(2\pi/T)^2 \eta_B^2/2 \tag{6-28}$$

$$E = E_u^F + E_\theta^F + E_u^P + E_\theta^P + E_B \tag{6-29}$$

式中　　g——重力加速度；

　　$\overline{W}$——建筑物的等效重量；

　　T——基础固定时结构的自振周期；

η_B、η_u、η_θ——建筑物的变形以及基础平动、摆动引起的顶点位移，按下列公式计算：

$$\eta_B = \overline{W}/k \tag{6-30}$$

$$\eta_u = \overline{W}/k_u \tag{6-31}$$

$$\eta_\theta = \frac{(\sum W_i h_i)}{k_\theta} \cdot h \tag{6-32}$$

其中，W_i、h_i 为第 i 个集中质点的重量和高度，h 为等效单质点的高度。

（4）建筑物结构的阻尼比 ζ_B，对于钢筋混凝土结构和钢结构分别取 0.05 和 0.02；桩基阻尼比 ζ_u^P、ζ_θ^P 按 6.3.2 小节所述方法计算确定。关于平动和摆动的地基阻尼比 ζ_u^F、ζ_θ^F，推导得到：

$$\zeta_u^F = \frac{\beta_u \sqrt{K_u}}{2\sqrt{\alpha_u \gamma \pi h G}} \tag{6-33}$$

$$\zeta_\theta^F = \frac{\beta_\theta \sqrt{K_\theta}}{2h\sqrt{\alpha_\theta \gamma \pi h G}} \tag{6-34}$$

在上述计算中，静刚度 K_u、K_θ 按式（6-18）计算，动力系数 α_u、β_u、α_θ、β_θ 按式（6-12）或式（6-13）计算。其中基础埋置深度 e 根据基础侧面土体的状况乘以 $0\sim1.0$ 的折减系数，对明置基础取 0，对天然埋置取 1.0。

6.4.2　简化计算方法验证

按照本书简化计算方法，对考虑 SSI 效应的纯框架结构以及考虑 SSI 效应的消能减震结构振动台试验模型的频率和阻尼比进行了计算，并与振动台试验实测值作比较，结果列于表 6-2 中，其中也列出了现有考虑 SSI 作用的简化计算方法例如：MV 法、MB 法、ATC 法，以及日本建筑学会地震荷载小委员会推荐的方法（JAP 法）。

SSI 体系频率和阻尼比的简化计算结果　　　　　　　　表 6-2

方法	PS 试验		PV 试验		PM 试验	
	频率	阻尼比	频率	阻尼比	频率	阻尼比
	f（Hz）	ζ（%）	f（Hz）	ζ（%）	f（Hz）	ζ（%）
实测值	1.503	4.3	2.024	5.50	2.18	3.9
本书方法	1.463	3.768	1.913	4.287	2.045	3.105
MV 法	1.454	5.651	1.905	6.258	2.017	5.374
MB 法	1.472	7.126	2.003	9.247	2.123	7.024
ATC 法	1.436	—	1.892	—	1.987	—
JAP 法	1.535	2.985	2.068	3.627	2.179	2.027

从表 6-2 的计算结果可以看出，本书计算方法对相互作用体系的频率和阻尼比能作出较好的估计，且对于设置黏滞阻尼器和金属阻尼器的 SSI 体系，其误差水平也相当；而且相比阻尼比，本书提出的简化方法计算出的 SSI 体系频率误差较小，可以应用于 SSI 体系的动力特性参数的计算分析中。应当指出，按本书提出的简化方法的计算结果与实测值之间存在一定的误差，分析其原因主要为：在计算地基阻抗和桩基阻

抗时视土体为均匀土；在桩基阻抗计算中忽略了桩基裂缝、试验实测值的量测误差等。

6.5 考虑 SSI 效应的黏滞阻尼器设计

6.5.1 附加阻尼比计算

在忽略扭转影响的情形下，对于以剪切型为主的多层框架结构而言，减震结构所需的附加阻尼比可以通过能量方法或者规范反应谱法来初步估算：

$$\Delta_{\max}/\Delta_{\mathrm{T}} = \alpha_{\xi_{\mathrm{s}}}/\alpha_{(\xi_{\mathrm{s}}+\xi_{\mathrm{d}})} \tag{6-35}$$

式中　$\Delta_{\max}$ ——原结构在小震工况下所得的层间位移峰值；

Δ_{T} ——黏滞阻尼减震结构的层间位移目标值；

ξ_{s} ——考虑 SSI 效应时结构的阻尼比；

ξ_{d} ——结构减震所需要的附加阻尼比，即黏滞阻尼器提供给结构的阻尼比；

$\alpha_{\xi_{\mathrm{s}}}$ ——《建筑抗震设计标准》中阻尼比为 ξ_{s} 时的地震影响系数；

$\alpha_{(\xi_{\mathrm{d}}+\xi_{\mathrm{s}})}$ —— $\xi_{\mathrm{d}}+\xi_{\mathrm{s}}$ 阻尼比时的地震影响系数。

6.5.2 阻尼器参数设定

不考虑消能结构支撑给结构的附加刚度贡献，当结构可以按照底部剪力法确定结构所受的地震作用时，一个总层数为 n 的结构，其第 i 层的层间剪力 Q_i 可按下列公式求得：

$$Q_i = \sum_{i=i}^{n} F_i = \frac{\sum_{i=i}^{n} G_i H_i}{\sum_{j=1}^{n} G_j H_j} F_{\mathrm{Ek}}(1-\delta_{\mathrm{n}}) + \Delta F_{\mathrm{n}} \tag{6-36}$$

$$F_{\mathrm{Ek}} = \alpha_1 G_{\mathrm{eq}}, \ \Delta F_{\mathrm{n}} = \delta_{\mathrm{n}} F_{\mathrm{Ek}} \tag{6-37}$$

式中　F_{Ek} ——结构总水平地震作用下的标准值；

α_1 ——结构基本自振周期、结构阻尼比为 ξ_{si} 时的水平地震影响系数；

G_{eq} ——结构等效总重力荷载，对于单质点取总重力荷载代表值，对于多质点取总重力荷载代表值的 85%；

F_i ——质点 i 的水平地震作用标准值；

G_i、G_j ——集中质点 i、j 的重力荷载代表值；

H_i、H_j ——质点 i、j 的计算高度；

δ_{n} ——楼层顶部附加地震作用系数，按照规范取值；

ΔF_{n} ——楼层顶部附加水平地震作用。

如果每层高度相差不大时，且不计楼层顶部的附加地震作用，则式（6-36）变为：

$$Q_i = 0.85\alpha_1 \sum_{i=1}^{n} G_i \tag{6-38}$$

设结构的振动以第一振型为主，第 i 层的最大层间位移为 Δ_i，则第 i 层的弹性应变能为：

$$W_{Ei} = 0.5\Delta_i Q_i \tag{6-39}$$

再设第 i 层的阻尼力-位移曲线可简化为平行四边形，则阻尼力在结构层间位移发生运动一周所耗散的能量为：

$$W_{di} = 4F_{di}\left(\Delta_i - \frac{F_{di}}{K_{di}}\right) \tag{6-40}$$

式中　K_{di} ——第 i 层阻尼器的组合弹性刚度；

　　　F_{di} ——阻尼力。

仅第 i 层发生相对运动时，第 i 层的阻尼力导致的等效阻尼比 ξ_{di}：

$$\xi_{di} = \frac{W_{di}}{4\pi W_{Ei}} = \frac{2F_{di}(\Delta_i - F_{di}/K_{di})}{0.85\pi\alpha_1\Delta_i \sum_{i=i}^{n} G_i} = \frac{2F_{di}(1-\mu_i)}{0.85\pi\alpha_1 \sum_{i=i}^{n} G_i} \tag{6-41}$$

而阻尼力表达式为：

$$F_{di} = 0.425\pi\alpha_1\xi_{di} \sum_{i=i}^{n} G_i/(1-\mu_i) \tag{6-42}$$

式中　μ_i ——第 i 层阻尼器达到额定设计阻尼力时需要的相对位移与该层结构层间位移峰值的比值，按照 $\mu_i = F_d/(K_d\Delta_i) = \Delta_d/\Delta_i$ 计算。

6.5.3　阻尼器支撑刚度计算

非线性黏滞阻尼器的支撑刚度按照以下公式进行计算：

$$K_b \geqslant 3K_c = |F_d|_{max}/|u_d|_{max} \tag{6-43}$$

式中　K_c ——阻尼器的损失刚度，在实际工程中可以近似取消能部件的最大阻尼力与最大相对位移之比；

　　　$|F_d|_{max}$ ——非线性黏滞阻尼器的设计阻尼力绝对值的最大值；

　　　$|u_d|_{max}$ ——非线性黏滞阻尼器的设计的最大相对位移。

6.5.4　性能参数选定

参照 Kasai 等提出的基于单质点系统的性能优化法思想，取 SSI 体系模型的顶层位移、最大层间位移角和基底剪力作为衡量消能减震结构的性能参数，如下：

$$R_{d1} = \frac{D_1}{D_2}, \ R_{d2} = \frac{I_1}{I_2}, \ R_s = \frac{S_1}{S_2} \tag{6-44}$$

式中　　D_1、I_1、S_1——SSI 体系有阻尼器结构的顶层位移、层间位移角最大值和基底剪力；

　　　　D_2、I_2、S_2——SSI 体系无阻尼器结构的顶层位移、层间位移角最大值和地基剪力。

6.5.5　SSI 体系黏滞阻尼器设计步骤

基于上述黏滞阻尼减震结构分析原理，考虑 SSI 效应的黏滞阻尼器具体设计步骤如下：

（1）验算刚性地基上无控结构的抗震强度、变形、层间刚度、屈服强度（剪力），了解刚度与质心偏离情况。

（2）按照本书提出的 SSI 体系动力特性参数简化计算方法，针对 SSI 体系无控结构进行动力特性参数计算。

（3）按照抗震规范的多阻尼反应谱曲线，确定 SSI 体系需要增加的附加阻尼比。

（4）确定每层需要的阻尼力。

（5）根据阻尼力大小、结构的动力特性，确定阻尼器参数、分布以及支撑的形式与刚度。

（6）确定输入地震时程，对考虑 SSI 效应的消能减震结构进行时程分析，检验减震控制效果。

（7）改变设定的层间阻尼力、支撑刚度，返回第（6）步骤多次计算，按照性能参数公式绘制性能曲线。

（8）选取需要的性能点，确定阻尼器布置。

6.6　考虑 SSI 效应的消能减震结构应用

6.6.1　工程概况

以现浇钢筋混凝土框架结构的高层建筑为研究对象，其标准层结构平面布置如图 6-3 所示。该建筑上部结构共 10 层，层高为 3.6m；柱子截面尺寸为 550mm×550mm，梁截面尺寸为 300mm×500mm，板厚为 120mm。标准层楼面恒载为 5.0kN/m²（包含楼板自重），活载为 2.0kN/m²。结构采用桩筏基础，其中筏板厚度 1000mm，方桩截面尺寸为 450mm×450mm，桩长 38m。上部结构和基础均采用 C35 混凝土。场地土地采用某地质勘报告中的上海软土，计算深度取 100m。根据现行国家标准《建筑抗震设计规范》GB 50011 的相关规定，该场地属于Ⅳ类场地。当地抗震设防烈度为 8 度，设计基本地震加速度值为 0.2g。

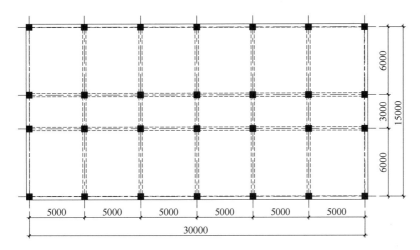

图 6-3　标准层结构平面布置图

6.6.2　黏滞阻尼器的参数设置

首先计算出刚性地基上无控结构的第一阶周期为 1.456s。按照本书的简化计算方法得出 SSI 体系的结构动力特性参数：第一阶频率为 1.841s，阻尼比为 0.0564。

在地震作用下，结构最大层间位移角达到了 1/412，超过了现行国家标准《建筑抗震设计规范》GB 50011 规定的 1/550 的层间位移角限值。因此设黏滞阻尼减震结构的层间位移目标值为 1/550，并考虑一定的富余量，按照前面方法计算出附加阻尼比为 0.1375，并按照 6.5 节计算阻尼器参数。每层设置 4 个相同的黏滞阻尼器，安装形式采用单斜撑形式。最终计算出阻尼力以及实配的单个阻尼器的阻尼力以及阻尼器系数（阻尼器指数 $\alpha = 0.2$ 和 1），见表 6-3。

阻尼器设计信息　　　　　　　　　　　　　　　　　　表 6-3

楼层	楼层质量 （t）	楼层最大位移 （mm）	层间位移角	设计阻尼力 （kN）	实配单个阻尼力 （kN）	单个阻尼系数 C $[kN \cdot (s/m)^{0.2}]$	单个阻尼系数 C $[kN \cdot (s/m)]$
1	430.6	5.34	1/674	1451.85	500	640	1600
2	430.6	13.81	1/425	1306.67	500	640	1600
3	430.6	22.54	1/412	1161.48	400	500	1300
4	430.6	30.91	1/428	1016.30	400	500	1300
5	430.6	38.64	1/460	871.112	300	380	1000
6	430.6	45.59	1/508	725.927	300	380	1000
7	430.6	51.57	1/584	580.741	200	250	650
8	430.6	56.45	1/708	435.556	200	250	650
9	430.6	60.10	1/935	290.371	100	130	300
10	430.6	62.48	1/1430	145.185	100	130	300

6.6.3 地震波的选取

模型输入的地震波选用上海市现行地方标准《建筑抗震设计标准》DG/TJ 08—9 中给出的地震地面运动加速度时程（SHW波）的 X 向时程，它是根据规范反应谱生成或修改而来的人工地震动；以及选用了两条天然波 EI Centro 波（EL）的 NS 分量和 Taft 波的 EW 分量。三条波的时程曲线和傅式谱分别如图 6-4 所示。SHW 波的全

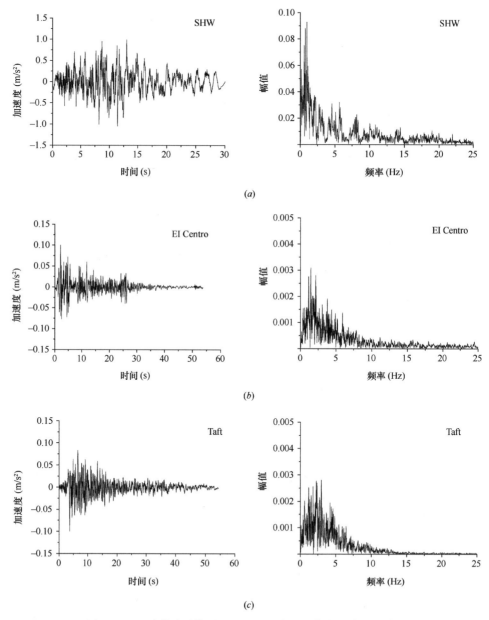

图 6-4 SSI 消能减震体系选用的地震波时程曲线及其傅氏谱图

（a）SHW 波时程曲线及其傅氏谱；（b）EI Centro 波时程曲线及其傅氏谱；（c）Taft 波时程曲线及其傅氏谱

部波形长分别为 30s，EI Centro 波与 Taft 波的全部波形长约为 54s，三条波的离散加速度时间间隔均为 0.02s。

6.6.4　土体边界范围

图 6-5 为土体横向尺寸为 20 倍结构横向尺寸的模型。地震动的输入方向为横向，其垂直方向即纵向。本节建立了三个模型的土体横向尺寸和边界条件分别为：（1）40 倍的结构横向尺寸，边界自由；（2）20 倍的结构横向尺寸，施加黏弹性人工边界；（3）20 倍的结构横向尺寸，边界自由。认为 40 倍自由边界模型可以近似模拟半空间无限域土体。结果表明：20 倍人工边界模型与 40 倍自由边界模型的结果更加接近，而 20 倍自由边界模型误差较大。所以 20 倍人工边界模型可以较好地模拟无限边界。

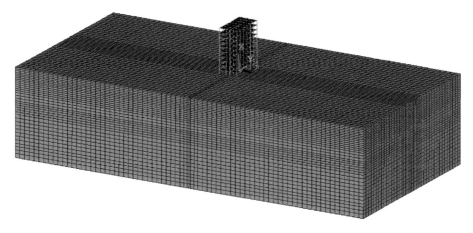

图 6-5　土体横向尺寸为 20 倍结构横向尺寸的模型

6.7　附加消能减震装置 SSI 体系的结果分析

本节仅研究了阻尼器指数 α 为 0.2 时的黏滞阻尼器在小震下的减震效果，将地表波峰值调幅至 70cm/s^2。对上节的 SSI 体系进行了有限元时程分析，计算结果如下。

6.7.1　结构楼层加速度

结构的楼层加速度响应分析是将 SSI 体系的框架结构（PS）和减震结构（PV）的计算结果进行对比。在不同地震动作用下 PS 和 PV 结构的楼层加速度峰值曲线如图 6-6 所示。可以看出，无论是在人工波作用下还是两条天然波作用下，按照 6.5 节设计的 SSI 体系黏滞阻尼器在楼层加速度方面发挥了良好的减震效果，尤其在结构中上部楼层减震效果明显，加速度最大减震率为 38.16%。

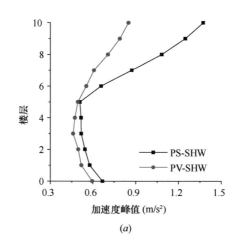

(a)

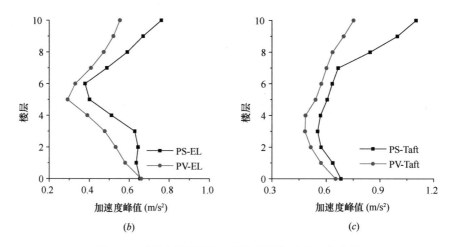

(b)　　　　　　　　　　　*(c)*

图 6-6　不同地震波作用下结构楼层加速度峰值曲线

（*a*）SHW 波工况；（*b*）EI Centro 波工况；（*c*）Taft 波工况

6.7.2　结构层间位移角

在 SHW 波以及两条天然波 EI Centro 波、Taft 波作用下 PS 和 PV 结构的层间位移角峰值曲线如图 6-7 所示，可以看出，PS 结构层间位移角峰值超过了小震下规范的要求 1/550，而设置黏滞阻尼器后层间位移角峰值明显减小；而且在 EI Centro 和 Taft 地震作用下 SSI 体系的结构层间位移角峰值减小更为显著，最大减震率为 53.46%，说明黏滞阻尼器在结构的层间位移角方面减震效果更好。

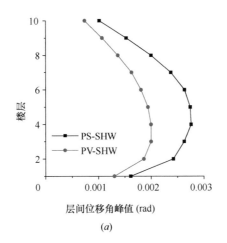

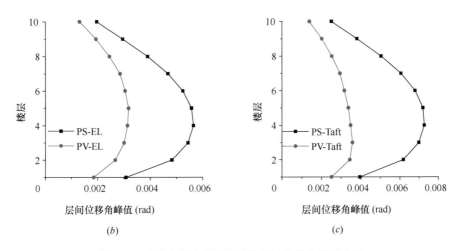

图 6-7　不同地震波作用下结构层间位移角峰值曲线

(a) SHW 波工况；(b) El Centro 波工况；(c) Taft 波工况

6.7.3　结构层间剪力

在 SHW 波以及两条天然波 El Centro 波、Taft 波作用下 PS 和 PV 结构的层间剪力峰值曲线如图 6-8 所示。可以看出，黏滞阻尼器在减小 SSI 体系的层间剪力峰值方面发挥了良好的减震效果，而且中下部楼层的减震效果优于结构上部的减震效果；最大层间剪力减震率为 43.65%。

通过对设置黏滞阻尼器的 SSI 体系的结构楼层加速度、层间位移角和层间剪力响应分析得出，按照本书设计的考虑 SSI 效应的黏滞阻尼器可以发挥较好的减震效果。

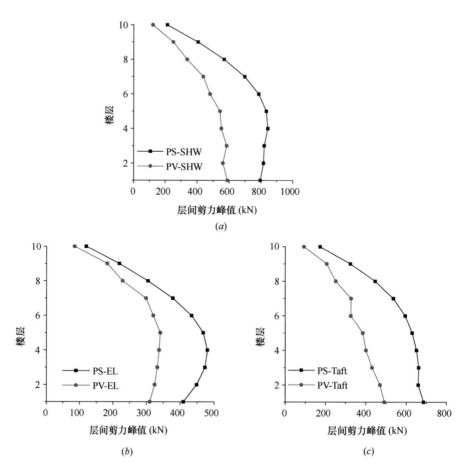

图 6-8　不同地震波作用下结构层间剪力峰值曲线

(*a*) SHW 波工况；(*b*) EI Centro 波工况；(*c*) Taft 波工况

第7章 结 论

在建筑结构的抗震理论研究中，考虑土-结构动力相互作用效应的消能减震结构的抗震性能研究是非常复杂和重要的研究课题。本书针对考虑土-结构动力相互作用效应的消能减震结构的抗震性能研究课题，主要开展了如下工作：

（1）设计实施了考虑土-结构动力相互作用效应的消能减震结构模型振动台试验。试验上部结构为双向单跨的12层框架结构，基础为3×3桩基。试验几何尺寸的缩尺比例为1/6。设计制作了大尺寸的层状剪切盒土箱，该土箱可以有效地缓解"模型箱效应"，更好地模拟土体边界条件。土体采用了木屑与黄砂混合物，在满足试验土体力学性能的同时又减轻了重量。

（2）根据试验数据，分析总结了土-结构相互作用对消能减震结构的影响规律。从试验现象、模型的动力特性、加速度、桩身应变和桩土接触压力、楼层的加速度峰值、楼层位移峰值、层间位移角峰值、层间剪力峰值、阻尼器出力、阻尼器滞回性能等方面进行了分析，对规律性结果进行了归纳：

1）由于地基-结构动力相互作用的影响，软土地基中SSI体系的频率小于刚性地基上结构的自振频率，而阻尼比一般大于SSI体系结构材料阻尼比。

2）对于SSI体系，在地震作用下上部结构产生一个摇摆分量，导致基础转动效应较为明显；由于上部结构的振动反馈，使得基底地震动的频谱组成发生改变，导致基础处的地震动与自由场地震动不同；结构下方土体的加速度比自由场处的加速度大；软土地基对频谱幅值有着明显的放大作用，而这种放大作用与输入的地震动频谱以及地震动幅值有关。

3）在小震下，SSI体系的加速度峰值放大系数大于1；而随着输入加速度峰值的增大，土体的非线性发展，各点的加速度峰值放大系数小于1。

4）在软土地基下，SSI体系的上部结构顶层加速度主要由结构本身的弹性变形分量组成，而由基础转动引起的摆动分量和平动分量次之，因此基础转动和平动不容忽视。

5）桩身应变幅值呈桩顶大、桩尖小的倒三角形分布。桩土接触压力幅值呈桩顶小、桩尖大的三角形分布。

6）无论是在刚性地基下还是考虑SSI效应时，非线性黏滞阻尼器和金属阻尼器均发挥了较好的作用；在大震下阻尼器耗能较为充分，滞回环较为饱满；在刚性地基下阻尼器耗能更加充分，滞回环更为饱满。说明SSI效应减弱了阻尼器的滞回耗能。

（3）根据试验数据，对振动台模型试验结果进行了对比分析，得出以下结论：

1) 相比纯框架结构，设置阻尼器的减震结构其裂缝出现得晚，裂缝数量少、细微，且发展缓慢。相比刚性地基上的结构，考虑 SSI 效应的结构裂缝发展缓慢，结构破坏较轻；而且黏滞阻尼器变形不明显，软钢阻尼器的残余变形和防锈漆脱落也不明显。

2) 黏滞阻尼器和金属阻尼器改变了结构的动力特性；考虑 SSI 效应后结构的动力特性与刚性地基上的不同。阻尼器的设置增加了结构的刚度，使得结构的自振频率增加；相互作用引起结构自振频率减小，阻尼比增大，振型改变。

3) 通过结构-地基动力相互作用体系 PS、PV、PM 试验的结果对比发现：考虑 SSI 效应后设置黏滞阻尼器和金属阻尼器的结构在楼层加速度、楼层位移、层间位移角和层间剪力等动力响应方面得到了有效的减小，阻尼器起到了较好的减震效果；设置黏滞阻尼器和金属阻尼器结构体系的桩身应变、桩-土接触压力的响应并不小，带金属阻尼器的结构体系桩身应变和桩-土接触压力较大。

4) 通过刚性地基上三个结构 RS、RV、RM 试验的结果对比发现：设置黏滞阻尼器和金属阻尼器的结构在楼层加速度、楼层位移、层间位移角和层间剪力等动力响应方面得到了有效的减小，阻尼器起到了较好的减震效果。

5) 对刚性地基上的三个框架结构和考虑 SSI 效应的三个框架结构的试验结果对比发现：一般说来，在相同的自由场地震动输入下，考虑 SSI 效应的结构加速度和层间剪力响应通常比刚性地基上的情况小。考虑 SSI 效应后黏滞阻尼器和金属阻尼器总体上出力变小，滞回性能变差，说明 SSI 效应减小了阻尼器的耗能效果。

(4) 针对考虑 SSI 效应的消能减震结构振动台试验模型进行了三维有限元计算分析，并与试验结果进行了对比研究，以此来揭示 SSI 效应对附加消能减震装置的结构响应的影响规律。桩身应变幅值为桩顶部分较大，靠近桩外侧的应变幅值稍大于桩身内侧的应变；桩与土体之间的接触压力幅值在靠近桩身顶部时较大、桩身中部较小，桩身外侧的接触压力大于桩身内侧的接触压力。

(5) 在 SSI 体系的动力特性参数计算中，提出了一种改进的简化方法，合理考虑了桩基对体系刚度的贡献，并用此次消能减震结构振动台模型试验的数据资料进行计算分析。在此基础上进行了考虑 SSI 效应的黏滞阻尼器设计，并通过工程模型进行了时程分析。从楼层加速度、层间位移角和层间剪力方面对考虑 SSI 体系的阻尼器设计进行了验证。

参 考 文 献

[1] 胡聿贤．地震工程学[M]．2版．北京：地震出版社，2007．

[2] 王松涛，曹资．现代抗震设计方法[M]．北京：中国建筑工业出版社，1997．

[3] 林皋．土-结构动力相互作用[J]．世界地震工程，1991，1：4-21．

[4] Ohtsuki A，Fukutake K，Sato M．Analytical and centrifuge studies of pile groups in liquefiable soil before and after site remediation[J]．Earthquake Engineering and Structural Dynamics，2015，27(1)：1-14．

[5] 李培振，程磊，吕西林，等．可液化土-高层结构地震相互作用振动台试验[J]．同济大学学报（自然科学版），2010，38(4)：467-474．

[6] Yang Jinping，Lu Zheng，Li Peizhen．Large-scale shaking table test on tall buildings with viscous dampers considering pile-soil-structure interaction[J]．Engineering Structures，2020，220，110960．

[7] 周福霖．工程结构减震控制[M]．北京：地震出版社，1997．

[8] 朱伯龙．结构抗震试验[M]．北京：地震出版社，1989．

[9] 姚振纲，刘祖华．建筑结构试验[M]．上海：同济大学出版社，1996．

[10] 姜忻良，徐炳伟，李竹．土-桩-结构振动台模型试验相似理论及其实施[J]．振动工程学报，2010，23(2)：225-229．

[11] 周颖，吕西林．建筑结构振动台模型试验方法与技术[M]．2版．北京：科学出版社，2016．

[12] 燕晓，袁聚云，袁勇，等．大型振动台试验模型场地土的配制方法[J]．结构工程师，2015，31(5)：116-120．

[13] 周云．金属耗能减震结构设计理论及应用[M]．武汉：武汉理工大学出版社，2013．

[14] 王新敏．ANSYS工程结构数值分析[M]．北京：人民交通出版社，2007．

[15] 张文元，李姝颖，李东伟．菱形开洞软钢阻尼器及其在结构减震中的模拟分析[J]．世界地震工程，2007，23(1)：151-155．

[16] 廖振鹏．工程波动理论导论[M]．2版：北京：科学出版社，2002．

[17] 刘晶波，王振宇，杜修力，等．波动问题中的三维时域粘弹性边界[J]．工程力学，2005，22(6)：46-51．

[18] Penzien J．Special issue on earthquake engineering for transportation structures[J]．Earthquake Engineering & Structural Dynamics，2005，34(4-5)：325-326．

[19] Crouse C B，Hushmand B，Luco J E，et al．Foundation impedance functions：theory versus experiment[J]．Journal of Geotech Engineering，ASCE，1990，116(3)：432-449．

[20] Apsel R J，Luco J E．Impedance functions for foundations embedded in a layered medium-an integral equation approach[J]．Earthquake Engineering and Structural Dynamics，1987，15(2)：213-231．

［21］ Dobry R，Gazetas G. Simple method for dynamic stiffness and damping of floating pile groups ［J］. Geotechnigue，1988，38(4)：557-574.

［22］ Makris N，Gazetas G. Dynamic pile-soil-pile interaction，Part 2：lateral and seismic response ［J］. Earthquake Engineering & Structural Dynamics，1992，21(2)：145-162.

［23］ 翁大根，张超，吕西林，等. 附加黏滞阻尼器减震结构实用设计方法研究［J］. 振动与冲击，2012，31(21)：80-88.

［24］ 社团法人，日本隔震结构协会. 被动减震结构设计·施工手册［M］. 蒋通译. 北京：中国建筑工业出版社，2008.